# 人工智能
# AI摄影与后期修图
## 从小白到高手
# Midjourney+Photoshop

龙飞◎著

U0222963

化学工业出版社
·北京·

## 内 容 简 介

15 章专题内容讲解 +49 个 AI 摄影案例解析 +60 多分钟教学视频 +90 多个素材效果文件 +180 多个实用干货内容 +390 多张精美插图 +600 个 AI 摄影关键词赠送 +5200 多个 AI 绘画关键词赠送，助你一本书轻松玩转 AI 摄影！随书还赠送了案例指令、教学视频、PPT 教学课件、电子教案等资源。

全书通过理论 + 实例的形式，介绍了 AI 摄影的基础知识、绘画操作、摄影指令、光影色彩关键词、构图关键词、艺术风格关键词、人像摄影案例、风光摄影案例、建筑摄影案例、商业摄影案例、动物摄影案例、人文摄影案例，以及 Photoshop 的修图调色、抠图合成和 AI 应用等内容。

本书图片精美丰富，讲解深入浅出，实用性强，适合以下人群阅读：一是摄影师和摄影爱好者；二是设计师、插画师、漫画家、电商商家、自媒体人、艺术工作者等人群；三是摄影、设计、美术等专业的学生。

## 图书在版编目（CIP）数据

人工智能AI摄影与后期修图从小白到高手：Midjourney+Photoshop / 龙飞著. —北京：化学工业出版社，2023.9（2024.4重印）
ISBN 978-7-122-43744-0

Ⅰ．①人… Ⅱ．①龙… Ⅲ．①图像处理软件Ⅳ．①TP391.413

中国国家版本馆CIP数据核字（2023）第119794号

责任编辑：王婷婷　李　辰　　　　　　　封面设计：异一设计
责任校对：宋　夏　　　　　　　　　　　装帧设计：盟诺文化

出版发行：化学工业出版社（北京市东城区青年湖南街 13 号　邮政编码 100011）
印　　装：天津裕同印刷有限公司
710mm×1000mm　1/16　印张13³/₄　字数279千字　2024年4月北京第1版第3次印刷

购书咨询：010-64518888　　　　　　　　售后服务：010-64518899
网　　址：http://www.cip.com.cn
凡购买本书，如有缺损质量问题，本社销售中心负责调换。

定　　价：98.00 元

前　言

我国把构建人工智能等一批新的增长引擎，加快发展数字经济，促进数字经济和实体经济的深度融合，作为加快建设现代化产业体系的重要方面。

在这个数字化时代，人工智能已经深入各行各业，摄影和绘画也不例外。AI技术为我们提供了前所未有的创作和表达方式，极大地拓展了艺术的边界。

同时，党的二十大报告提出"实施科教兴国战略，强化现代化建设人才支撑"重要精神，彰显出我国不断塑造发展新动能、新优势的决心和气魄。

本书旨在帮助读者从一个新手成长为一名AI摄影高手，借助AI技术的力量，释放自己的创造力和想象力，使摄影作品更加独特、生动和令人赞叹。

在这本书中，将为读者介绍AI摄影的基础知识，包括各种摄影关键词的使用技巧、各种工具（如Midjourney）和软件（如Photoshop）的操作方法，以及如何将AI绘画与传统摄影技术相结合，创作出独具个人风格的AI摄影作品。

此外，本书还将通过大量的AI摄影案例，深入探讨摄影的美学原理，培养读者的观察力和艺术感知力。本书将分享实用的AI摄影技巧，帮助读者用AI技术捕捉瞬间的美丽和表达内心的情感。

无论你是摄影爱好者、绘画艺术家，还是对AI摄影技术感兴趣的读者，本书都将为你提供宝贵的知识和实践指导。希望本书能够激发读者的创作激情，开启你在AI摄影领域的探索之旅。

最后，感谢你选择这本书，让我们一起进入这个令人着迷的艺术世界，开启一段富有创意和惊喜的学习之旅吧！祝你在这个旅程中收获满满，成为一名真正的AI摄影高手！

特别提示：在编写本书时，是基于当前各种AI工具和软件的界面截的实际操作图片，但本书从编辑到出版需要一段时间，这些工具的功能和界面可能会有变动，请在阅读时，根据书中的思路，举一反三，进行学习。还需要注意的是，即使是相同的关键词，AI每次生成的文案或图片内容也会有差别。

本书由龙飞编著，参与编写的人员还有苏高、胡杨等人，在此表示感谢。由于作者知识水平有限，书中难免有疏漏之处，恳请广大读者批评、指正，沟通和交流请联系微信：2633228153。

著 者
2023年7月

目　录

## 【AI 摄影篇】

**【专题实战篇】**

## 【PS 修图篇】

# 【AI 摄影篇】

## 第 1 章　AI 摄影：用人工智能改变摄影方式

**本章要点：**

　　随着人工智能（Artificial Intelligence，AI）技术的快速发展，其越来越多地应用在我们的生活中。其中，人工智能在摄影领域不仅有着广泛的应用，同时也开辟出了一条全新的发展之路——AI 摄影。

## 1.1 认识AI摄影

　　AI摄影以其高效、智能、创新的特点，不仅能够提高摄影创作的效率，还能创造出更多更有创意的摄影作品。随着人工智能技术越来越成熟，未来的AI摄影将会赋予人们更多的独创性和想象力，推动摄影艺术的不断发展和创新。本节就一起来看看到底什么是AI摄影，以及它所带来的影响和挑战。

### 1.1.1　AI摄影的概念

　　AI摄影是指使用人工智能技术来提高摄影效率和创造性，通过让计算机学习人类创作的艺术风格和规则，绘制出与真实摄影作品相似的虚拟图像，从而实现由计算机生成摄影作品的一种摄影方式。图1-1所示为使用人工智能技术生成的人像摄影作品。

图 1-1　使用人工智能技术生成的人像摄影作品

　　AI摄影不仅能够根据不同的主题、风格来生成具有差异性的照片，还可以极大地推动数字艺术的发展。同时，AI摄影的出现，可以减少摄影师们的手动干预，让他们更专注于创意和想象。

### 1.1.2　AI对摄影的影响

　　在摄影的历史演进中，经历了"拍照片""做照片"等阶段，如今受人工智能技术的影响，摄影进入了一个"想照片"的新阶段。例如，我们可以想象一个场景，如"蓝天白云"，AI即可帮助我们将它变成一张照片，如图1-2所示。

图 1-2　根据想象的场景生成照片

在这个阶段中，人工智能技术可以自主识别拍摄场景并通过自动化调整来生成照片。同时，在后期制作中，AI可以智能地分析和处理图像，进一步提升照片的表现力。通过人工智能识别技术，摄影艺术可以变得更加多样化。因此，可以说在人工智能技术的持续影响下，"想照片"的AI摄影模式成为一种新的艺术潮流。

### 1.1.3　AI摄影带来的挑战

尽管AI技术对摄影产生了很多正面的影响，但也存在着一些潜在的风险与挑战，具体分析如下。

首先，使用AI技术生成的照片虽然十分逼真，但却不具有真实性，这可能导致人们对真实性的认知产生失衡。特别是在社交媒体上，一些人可能会恶意利用AI技术制作虚假的照片和视频来误导公众，这对信息的真实性和公正性会产生威胁。

其次，AI摄影技术可能会引发一系列隐私和安全问题。例如，从照片中提取个人信息，威胁个人隐私安全。同时，以AI技术伪造照片会对国家安全产生潜在威胁。

另外，AI技术的普及也可能会降低摄影师的技术水平和价值，导致照片质量和精神内涵的下降。因此，大家在享受AI摄影技术带来便利的同时，也应该高度关注和认真应对这些潜在的问题。

## 1.2 AI摄影的基本特点

近年来，人工智能技术的发展改变了人们的生活方式和生产方式。在摄影领域，人工智能技术也被广泛应用，促进了摄影技术的快速发展。相较于传统摄影技术，AI摄影具有许多独有的特点，例如快速高效、高度逼真和可定制性强等，这些特点不仅提高了摄影的质量和效率，还为摄影师和用户带来了全新的体验。

### 1.2.1 快速高效

利用人工智能技术，AI摄影的大部分工作都可以自动进行，从而提高了出片效率。同时，对于一些重复的任务，AI摄影可以替代人力完成，减少资源浪费，能够节省大量的人力成本和时间成本。

AI摄影的原理是依托AI绘图工具，主要借助计算机的图形处理器（Graphics Processing Unit，GPU）等硬件加速设备，能够在较短的时间内实现机器绘图的功能，并且可以实时预览。例如，使用专用的AI绘图工具Midjourney生成一张照片，只需不到一分钟的时间，如图1-3所示。

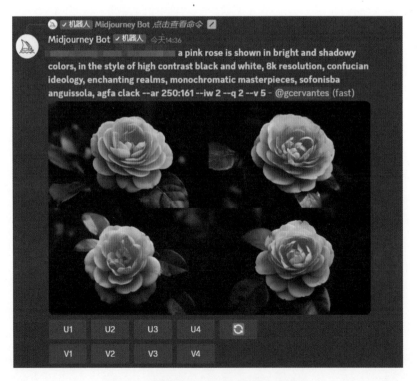

图 1-3　使用 Midjourney 可以快速生成照片

## 1.2.2　高度逼真

　　AI摄影技术是一种通过计算机算法和深度学习模型自动生成图像的方法，它基于大量的数据和强大的算法，能够生成高度逼真的作品，如图1-4所示。例如，在图像生成方面，它可以为缺失的部分补全细节，生成高清晰度的图像，还可以进行风格转换和图像重构等操作。

图 1-4　高度逼真的 AI 摄影作品（左图为真实照片，右图为 AI 照片）

## 1.2.3　可定制性强

　　AI摄影技术基于深度学习和神经网络等算法，具有可定制性强的特点，能够通过大量训练数据来不断优化和改进出片效果，如图1-5所示。

图 1-5　通过 AI 摄影技术优化和改进后的出片效果

AI摄影技术可以适应各种场景和需求，例如人像、风景、建筑等不同类型的摄影题材，甚至可以根据用户的个性化偏好进行定制，使得摄影作品更加符合用户的期望。AI摄影技术还可以通过人工智能模拟各种艺术风格和创作规则，从而绘制出新颖、富有创意的摄影作品。

### 1.2.4　易于保存和传播

得益于数字化技术的发展和普及，AI摄影技术具有易于保存和传播的特点，通过AI生成的数字照片可以轻松地保存在各种媒体上，如电脑本地保存、云端存储等，而不需要担心像胶卷照片一样受到湿度、温度等因素的影响而损坏。

同时，数字化照片也方便了人们进行社交分享，例如通过社交媒体、邮件等方式与他人分享自己的作品。另外，AI技术还可以使照片更容易被搜索和分类。例如利用图像识别技术对照片中的内容进行分析和标记，从而方便用户根据关键字或标签查找和浏览自己所需的照片。

### 1.2.5　可迭代性强

AI摄影技术具有可迭代性强的特点，主要是因为它是基于机器学习算法进行训练和优化的，这种技术可以通过大量数据集的输入和处理来不断学习和提高自己的准确性和工作效率。

随着数据集和算法的不断丰富和完善，AI摄影技术可以逐步实现更加复杂、高级的任务，如人脸识别、场景还原等。同时，随着硬件设备的升级和优化，AI摄影技术也能够更好地发挥出自身的潜力，并创造出更加优秀的作品，不断满足用户对高质量影像的需求。

## 1.3　AI摄影的技术原理

应用AI摄影技术，可以大幅提升照片的画面质量和生成效率，并且它还具备自动化、智能化等特点，因此得到了人们的广泛关注。那么，在AI摄影中，人工智能技术起到了怎样的作用？本节将简要介绍AI摄影的技术原理。

### 1.3.1　深度学习技术

深度学习是一种机器学习技术，它使用神经网络模型来解决复杂的问题。深度学习技术可用于图像识别、语音识别、自然语言处理等多个领域。常用的深度学习技术框架包括TensorFlow（符号数学系统）、PyTorch（开源的Python机器学习库）和Keras（由Python编写的开源人工神经网络库）等。

★ 专家提醒 ★

Python 是一种高级编程语言，具有简单易学、可读性高、跨平台等特点，适用于多种应用场景，包括全球广域网（World Wide Web，Web）开发、数据分析、人工智能等。Python 语言支持多种编程范式（如面向对象编程、函数式编程等），还有大量第三方库和工具可供使用，使得它成为广泛使用的编程语言之一。

深度学习技术的训练会用到大量的数据和计算资源，但它可以自动地发现数据中的特征，从而使得其在许多任务上表现优异。深度学习技术在AI摄影中有多种应用，其中最常见的是基于生成式对抗网络（Generative Adversarial Networks，GAN）的图像生成，包括风格迁移（Style Transfer）、人脸生成等。

★ 专家提醒 ★

生成式对抗网络使用两个神经网络，即生成器和判别器，相互竞争来生成逼真的图像。风格迁移利用卷积神经网络（Convolutional Neural Networks，CNN）从一张图像中提取出风格信息，将其应用到另一张图像上，生成具有两者特点的新图像。

对于图像识别和分类等任务，主要使用 CNN 对图像进行特征提取和处理，并利用该特征生成新的艺术作品。

另外，还有基于卷积神经网络的图像识别和分类，以及基于循环神经网络的图像描述等应用。这些技术使得AI能够创作出高质量的摄影作品，也为摄影师提供了新的创作方式和工具。

## 1.3.2　计算机视觉技术

计算机视觉技术是指利用计算机处理数字图像或视频，从中提取有用信息的技术。计算机视觉技术的发展已经得到了深度学习等新兴技术的支持和推动，具有非常广阔的应用前景。计算机视觉技术在AI摄影中有多种应用，包括但不限于以下几个方面。

（1）图像处理：计算机视觉技术可以用于对图像进行处理，如人物美颜、背景替换等，从而提升AI摄影作品的质量和真实感。

（2）人脸识别：通过人脸识别技术，计算机可以自动识别和跟踪图像中的人物。例如，使用算法检测图像中是否存在人脸，并提取人脸图像中的关键特征点，如眼睛、鼻子、嘴巴等。

（3）物体识别：计算机视觉技术可以用于识别图像中的物体和场景，从而更好地描绘细节和情境。物体识别技术是指利用计算机视觉算法和模型，对图像中的物体进行自动识别和分类的技术。常见的物体识别技术包括目标检测、语义分割、实例分割等。

（4）姿态估计：通过计算机视觉技术可以对给定的人物图片进行姿态估计，以及对物体的三维位置和旋转状态进行姿态估计。姿态估计是指通过对对象、人体或机器等进行图像分析，来确定其在空间中的位置和角度。

（5）轮廓检测：计算机视觉技术可以用于检测图像中的人物，或物体的轮廓和边缘，从而更好地掌握其线条和形状。通常情况下，轮廓检测是基于边缘检测的结果进行的，即在图像中检测出灰度值或颜色变化较大的区域，并将其连接起来形成轮廓线，广泛应用于目标跟踪、图像分割、姿态估计等计算机视觉任务中。

（6）轮廓提取与分割：通过对图像进行轮廓提取、分割处理，可自动将图像中的人物、背景、物体等元素分离，便于图像的后续处理和绘制。

## 本章小结

本章主要向读者介绍了AI摄影的相关基础知识，如AI摄影的概念、影响、挑战、特点和技术原理等。通过对本章的学习，帮助读者深入了解到AI摄影在艺术创作上带来了全新的可能性。

## 课后习题

鉴于本章知识的重要性，为了帮助读者更好地掌握所学知识，本节将通过课后习题，帮助读者进行简单的知识回顾和补充。

1. 你理解的AI摄影概念是什么？
2. 你对AI摄影带来的影响有何看法？

# 第 2 章　AI 绘画：掌握 Midjourney 的操作

**本章要点：**

　　Midjourney 是一个通过人工智能技术进行图像生成和图像编辑的 AI 绘画工具，用户可以在其中输入文字、图片等内容，让机器自动创作出符合要求的 AI 摄影作品。本章主要介绍使用 Midjourney 进行 AI 摄影创作的基本操作。

## 2.1　AI绘画摄影的基本操作

使用Midjourney生成AI摄影作品非常简单，具体取决于用户使用的关键词。当然，如果用户要创作高质量的AI摄影作品，则需要大量地训练AI模型和对艺术设计的深入了解。本节将介绍一些Midjourney绘图的基本操作技巧，帮助大家快速掌握AI绘画摄影的基本操作。

### 2.1.1　输入imagine指令和关键词

Midjourney主要使用imagine（想象）指令和关键词完成出片操作，尽量输入英文关键词，同时对英文单词的首字母大小写格式没有要求，但注意每个关键词中间要添加一个逗号或空格。下面介绍通过输入imagine指令和关键词绘图的具体操作。

扫码看教学视频

**步骤01** 在Midjourney下面的输入框内输入/（正斜杠符号），在弹出的列表中选择/imagine指令，如图2-1所示。

图 2-1　选择 /imagine 指令

**步骤02** 在/imagine指令后方的文本框中输入关键词"A cute white kitten（一只可爱的白色小猫）"，如图2-2所示。

图 2-2　输入关键词

步骤03 按【Enter】键确认，即可看到Midjourney Bot（机器人）已经开始工作了，并显示绘图进度，如图2-3所示。

步骤04 稍等片刻，Midjourney将生成4张对应的图片，如图2-4所示。需要注意的是，即使是完全相同的关键词，Midjourney每次生成的图片效果也不一样。

图 2-3　显示绘图进度

图 2-4　生成 4 张对应的图片

## 2.1.2　设置图片比例

通常情况下，使用Midjourney生成的图片尺寸默认为1∶1的方图，其实用户可以使用--ar指令来修改生成的图片尺寸。下面介绍具体的操作。

扫码看教学视频

步骤01 通过/imagine指令输入相应的关键词，默认生成的图片效果如图2-5所示。

步骤02 继续通过/imagine指令输入相同的关键词，并在结尾处加上--ar 95∶71指令（注意，关键词和指令中的所有标点符号均为英文状态下的），即可生成相应尺寸的图片，效果如图2-6所示。

图2-7所示为95∶71尺寸的横幅大图效果。需要注意的是，在生成或放大图片的过程中，最终输出的尺寸可能会略有修改。

图 2-5　默认生成的图片效果　　　　　　　　图 2-6　生成相应尺寸的图片

图 2-7　95：71 尺寸的横幅大图效果

## 2.1.3　重新生成图片

扫码看教学视频

在Midjourney中，V按钮的功能是以所选的图片样式为模板重新生成4张图片。下面介绍具体的操作。

**步骤01** 以2.1.1小节的效果为例，单击V1按钮，如图2-8所示。

**步骤02** 执行操作后，Midjourney将以第1张图片为模板，重新生成4张图片，如图2-9所示。

图 2-8　单击 V1 按钮

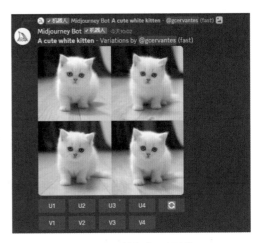

图 2-9　重新生成 4 张图片

步骤 03 如果用户对重新生成的图片都不满意，可以单击 ▣（循环）按钮，如图2-10所示。

步骤 04 执行操作后，Midjourney会重新生成4张图片，如图2-11所示。

图 2-10　单击 ▣（循环）按钮

图 2-11　重新生成 4 张图片

## 2.1.4　放大单张图片

Midjourney生成的图片下方的U按钮表示放大选中图片的细节，可以生成单张的大图。如果用户对4张图片中的某张图片感到满意，可以使用U1～U4按钮进行选择，并在相应图片的基础上进行更加精细的刻画。下面介绍具体的操作。

扫码看教学视频

**步骤01** 以2.1.3小节的效果为例，单击U2按钮，如图2-12所示。

**步骤02** 执行操作后，Midjourney将在第2张图片的基础上进行更加精细的刻画，并放大图片，如图2-13所示。

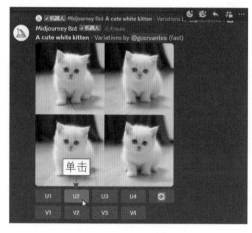

图 2-12　单击 U2 按钮　　　　　　　　图 2-13　放大图片

**步骤03** 单击Make Variations（做出变更）按钮，将以该张图片为模板，重新生成4张图片，如图2-14所示。

**步骤04** 单击U3按钮，放大第3张图片，如图2-15所示。

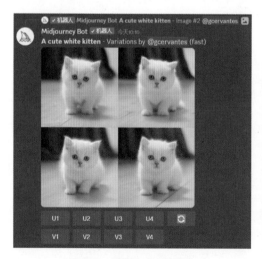

图 2-14　重新生成 4 张图片　　　　　　图 2-15　放大第 3 张图片

## 2.1.5　保存图片

扫码看教学视频

用户通过Midjourney生成满意的图片后，可以及时保存图片，将图片保存到本地后，便于分享和编辑。下面介绍保存图片的操作。

**步骤01** 以2.1.4小节的效果为例，单击图片，如图2-16所示。

**步骤02** 执行操作后，即可预览图片效果，单击左下角的"在浏览器中打开"超链接，如图2-17所示。

图 2-16　单击图片

图 2-17　单击"在浏览器中打开"超链接

**步骤03** 执行操作后，即可在新的标签页中打开图片，如图2-18所示。

**步骤04** 在图片上单击鼠标右键，在弹出的快捷菜单中选择"图片另存为"命令，如图2-19所示。

图 2-18　在新的标签页中打开图片

图 2-19　选择"图片另存为"命令

15

**步骤05** 执行操作后，弹出"另存为"对话框，设置相应的文件名和保存位置，如图2-20所示。

图 2-20　设置相应的文件名和保存位置

**步骤06** 单击"保存"按钮，即可将图片保存到相应的文件夹中，如图2-21所示。

图 2-21　将图片保存到相应的文件夹中

## 2.2　Midjourney的其他功能

Midjourney具有强大的AI绘图功能，用户可以通过各种指令和关键词来改变AI绘图效果，生成更优秀的AI摄影作品。本节将介绍一些Midjourney的其他绘图功能，让用户在创作AI摄影作品时更加得心应手。

### 2.2.1　绘图指令大全

在使用Midjourney进行绘图时，用户可以使用各种指令与Discord上的Midjourney Bot进行交互，从而告诉它你想要获得一张什么样的效果图。Midjourney的指令主要用于创建图像、更改默认设置以及执行其他有用的任务。表2-1所示为Midjourney中的常用绘图指令。

表 2-1　Midjourney 中的常用绘图指令

| 指　　令 | 描　　述 |
| --- | --- |
| /ask（问） | 得到一个问题的答案 |
| /blend（混合） | 轻松地将两张图片混合在一起 |
| /daily_theme（每日主题） | 切换 #daily-theme 频道更新的通知 |
| /docs（文档） | 在 Midjourney Discord 官方服务器中使用可快速生成指向本用户指南中涵盖的主题链接 |
| /describe（描述） | 根据用户上传的图像编写 4 个示例提示词 |
| /faq（常见问题） | 在 Midjourney Discord 官方服务器中使用，将快速生成一个链接，指向热门 Prompt（关键词）技巧频道的常见问题解答 |
| /fast（快速） | 切换到快速模式 |
| /help（帮助） | 显示 Midjourney Bot 有关的基本信息和操作提示 |
| /imagine（想象） | 使用关键词或提示词生成图像 |
| /info（信息） | 查看有关用户的账号以及任何排队（或正在运行）的作业信息 |
| /stealth（隐身） | 专业计划订阅用户可以通过该指令切换到隐身模式 |
| /public（公共） | 专业计划订阅用户可以通过该指令切换到公共模式 |
| /subscribe（订阅） | 为用户的账号页面生成个人链接 |
| /settings（设置） | 查看和调整 Midjourney Bot 的设置 |
| /prefer option（偏好选项） | 创建或管理自定义选项 |
| /prefer option list（偏好选项列表） | 查看用户当前的自定义选项 |
| /prefer suffix（偏好后缀） | 指定要添加到每个提示词末尾的后缀 |
| /show（展示） | 使用图像作业账号（Identity Document，ID）在 Discord 中重新生成作业 |
| /relax（放松） | 切换到放松模式 |
| /remix（混音） | 切换到混音模式 |

17

## 2.2.2 获取图片提示

提示也称为关键词、关键字、描述词、输入词、代码等，网上大部分用户也将其称为"咒语"。在Midjourney中，用户可以使用/describe（描述）指令获取图片的提示。下面介绍具体的操作。

**步骤01** 在Midjourney下面的输入框内输入/，在弹出的列表中选择/describe指令，如图2-22所示。

**步骤02** 执行操作后，单击上传按钮，如图2-23所示。

图 2-22 选择 /describe 指令

图 2-23 单击上传按钮

**步骤03** 执行操作后，弹出"打开"对话框，选择相应的图片，如图2-24所示。

**步骤04** 单击"打开"按钮，将图片添加到Midjourney的输入框中，如图2-25所示，按两次【Enter】键确认。

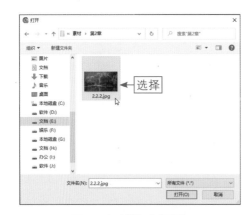

图 2-24 选择相应的图片

图 2-25 添加到 Midjourney 的输入框

**步骤 05** 执行操作后，Midjourney会根据用户上传的图片生成4段提示内容，如图2-26所示。用户可以通过复制提示内容或单击下面的1～4按钮，以该图片为模板生成新的图片。

**步骤 06** 例如，复制第2段提示内容后，通过/imagine指令生成4张新的图片，效果如图2-27所示。

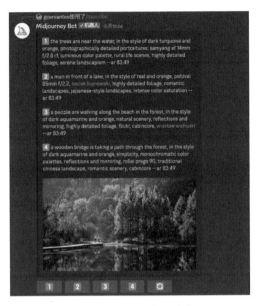

图 2-26　生成 4 段提示内容

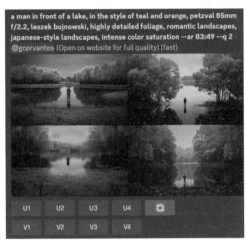

图 2-27　生成 4 张新的图片

**步骤 07** 单击U2按钮，放大第2张图片，效果如图2-28所示。

图 2-28　放大第 2 张图片

### 2.2.3 设置混音模式

使用Midjourney的混音模式（Remix mode）可以更改关键词、参数、模型版本或变体之间的纵横比，让AI绘画变得更加灵活、多变。下面介绍具体的操作。

**步骤 01** 在Midjourney下面的输入框内输入/，在弹出的列表中选择/settings指令，如图2-29所示。

**步骤 02** 按【Enter】键确认，即可调出Midjourney的设置面板，如图2-30所示。

图 2-29 选择 /settings 指令

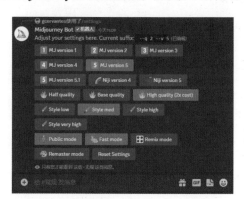

图 2-30 调出 Midjourney 的设置面板

★ 专 家 提 醒 ★

为了帮助大家更好地理解，下面将设置面板中的内容翻译成了中文，如图2-31所示。直接翻译的英文不是很准确，具体用法需要用户多练习才能掌握。

**步骤 03** 在设置面板中，单击Remix mode按钮，如图2-32所示，即可开启混音模式（按钮呈绿色）。

图 2-31 设置面板的中文翻译

图 2-32 单击 Remix mode 按钮

**步骤 04** 通过/imagine指令输入相应的关键词，生成的图片效果如图2-33所示。

**步骤 05** 单击V3按钮，弹出Remix Prompt（混音提示）对话框，如图2-34所示。

图 2-33 生成的图片　　　　　　　　　图 2-34 Remix Prompt 对话框

**步骤 06** 适当修改关键词，如将cat（猫）改为dog（狗），如图2-35所示。

**步骤 07** 单击"提交"按钮，即可重新生成相应的图片，将图中的小猫变成了小狗，效果如图2-36所示。

图 2-35 修改关键词　　　　　　　　　图 2-36 重新生成相应的图片

### 2.2.4  提升细节质量

扫码看教学视频

在Midjourney中生成AI摄影作品时，可以使用--quality（质量）指令处理并产生更多的细节，从而提高图片的质量。下面介绍具体的操作。

步骤01 通过/imagine指令输入相应关键词，Midjourney默认生成的图片效果如图2-37所示。

图 2-37  默认生成的图片效果

步骤02 继续通过/imagine指令输入相同的关键词，并在关键词的结尾处加上--quality.25指令，即可以最快的速度生成最不详细的图片效果，可以看到蝴蝶的细节变得非常模糊，如图2-38所示。

图 2-38  最不详细的图片效果

步骤03 继续通过/imagine指令输入相同的关键词，并在关键词的结尾处加上
--quality .5指令，即可生成不太详细的图片效果，同不使用--quality指令时的结果差
不多，如图2-39所示。

步骤04 继续通过/imagine指令输入相同的关键词，并在关键词的结尾处加上
--quality 1指令，即可生成有更多细节的图片，效果如图2-40所示。

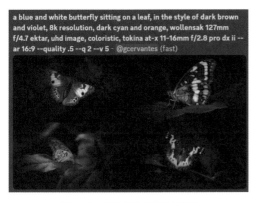

图 2-39　不太详细的图片效果　　　　　　　　　图 2-40　有更多细节的图片

图2-41所示为加上--quality 1指令后生成的图片效果。需要注意的是，更高的
--quality值生成的图片效果并不总是更好，有时较低的--quality值可以产生更好的结
果，这取决于用户对作品的期望。例如，较低的--quality值比较适合绘制抽象主义风
格的画作。

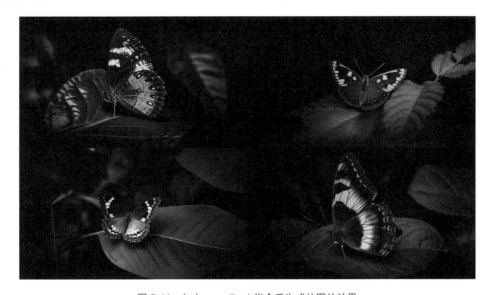

图 2-41　加上 --quality 1 指令后生成的图片效果

## 2.2.5　激发创造能力

扫码看教学视频

在Midjourney中使用--chaos（简写为--c）指令，可以激发AI的创造能力，值（0～100）越大，AI越会有更多自己的想法。下面介绍具体的操作。

**步骤01** 通过/imagine指令输入相应的关键词，并在关键词的后面加上--c 10指令，如图2-42所示。

图 2-42　输入相应的关键词和指令

★ 专家提醒 ★

较高的 --chaos 值将产生更多不寻常和意想不到的结果和组合，较低的 --chaos 值可以生成更可靠的结果。

**步骤02** 按【Enter】键确认，生成的图片效果如图2-43所示。

**步骤03** 再次通过/imagine指令输入相同的关键词，并将--c指令的值修改为100，生成的图片效果如图2-44所示。

图 2-43　较低的 --chaos 值生成的图片效果

图 2-44　较高的 --chaos 值生成的图片效果

## 本章小结

本章主要向读者介绍了Midjourney的相关基础知识，如输入imagine指令和关键词、设置图片比例、重新生成图片、放大单张图片、保存图片、获取图片提示、设

置混音模式、提升细节质量等。通过对本章的学习，希望读者能够更好地掌握用
Midjourney创作AI摄影作品的操作。

## 课后习题

　　鉴于本章知识的重要性，为了帮助读者更好地掌握所学知识，本节将通过课后
习题，帮助读者进行简单的知识回顾和补充。

　　1. 使用Midjourney上传一张图片，并获取图片的关键词。

　　2. 使用Midjourney的混音模式将2.2.3小节中的小猫变成老虎（tiger）。

# 第 3 章 摄影指令：使用更精准的关键词

**本章要点：**

在使用AI绘画工具时，用户需要输入一些与所需绘制内容相关的关键词或短语，也就是"摄影指令"，以帮助 AI 更好地定位主体和激发创意。本章将介绍一些 AI 摄影常用的关键词，帮助大家快速创作出高质量的 AI 摄影作品。

## *3.1*　8大高阶指令玩转专业级AI摄影

在使用AI绘画工具生成摄影作品时，用户需要掌握一些高阶指令的玩法，如摄影题材、主体描述、相机型号、焦距、光圈、打光、角度、辅助词等，这样能够轻松生成专业级的AI摄影作品。

### 3.1.1　摄影题材

摄影题材是指AI摄影作品中涉及的主题或对象，摄影题材非常广泛，包括自然风光、人物肖像、城市建筑、静物、动物、广告、艺术等多个类型。这些不同的摄影题材各有特点，可以满足摄影爱好者的不同需求和创作想法。

例如，自然风光是摄影中最常见的题材之一，包括山水、海洋、森林、沙漠、天空等自然景观。图3-1所示为沙漠风光摄影题材，在进行AI绘画时需要加入关键词Desert（沙漠），以锁定摄影题材。

图 3-1　沙漠风光摄影题材

### 3.1.2　主体描述

在AI摄影中，主体是指画面聚焦的对象。主体可以是各种不同的事物，包括自然景观、建筑、动物、人物等。摄影中主体的选择和构图是非常重要的，能够直接影响到照片的效果和表现力。一个好的主体可以吸引观众的目光，传达出独特的情感和主题，是AI摄影作品成功的重要因素之一，因此主体描述非常重要。

例如，下面这张AI照片中的主体对象就是莲花，因此在绘图时需要加入主体描述关键词pretty pink lotus flower（漂亮的粉红色莲花），效果如图3-2所示。

图 3-2　莲花照片效果

### 3.1.3　相机型号

真实的照片通常都是使用相机拍摄的，因此我们在创作AI摄影作品时，可以加入一些相机型号关键词，如Canon EOS 5D Mark IV、Nikon D850等，让AI能够模拟这些相机的拍摄风格，从而生成逼真的照片效果。

相机型号是指相机的具体型号和规格，并且每个型号通常都有其独特的功能和特点，同时它还会影响相机的性能、拍摄质量和适用范围。另外，不同的相机型号适用于不同的拍摄需求和场景，如Nikon D850非常适合拍摄风景。

例如，在用AI生成风光照片时，加入关键词Canon EOS 5D Mark IV后，能够获得更加写实、精美的画面效果，同时构图的精度也有所提升，效果如图3-3所示。

★ 专家提醒 ★

不同的相机型号会有不同的色彩处理方式，加入相应的关键词可以让 AI 更好地学习和模拟这些处理过程。

图 3-3　风光照片效果

### 3.1.4　焦距

　　焦距是指相机镜头的光学焦点到图像传感器的距离，通常以毫米（mm）为单位。焦距直接影响到拍摄的视角和景深：焦距越短，视角越宽，景深越深；焦距越长，视角越窄，景深越浅。

　　在AI摄影中，通过使用合适的焦距关键词，可以创作出不同的视觉效果。例如，35mm镜头（35 mm Lens）适合生成环境人像照片，这个焦段不会特别突出人物，因此可以合理利用边缘畸变给画面加分，效果如图3-4所示。

图 3-4　环境人像照片效果

### 3.1.5　光圈

光圈是指相机镜头的光学元件的口径大小，也称为镜头孔径。光圈的大小直接影响照片的曝光和景深：光圈越大，进入相机的光线就越多，画面就越亮，景深也越浅；光圈越小，进入相机的光线就越少，画面就越暗，景深也越深。

在AI摄影中，通过加入合理的光圈关键词，可以创作出不同的景深效果。例如，大光圈（关键词为F1.4、F2.8、bokeh或large aperture）可以突出主体并营造出柔和的背景效果，效果如图3-5所示。

图 3-5　大光圈照片效果

### 3.1.6　打光

摄影中的打光是指使用灯光或其他光源来调节照片的亮度和阴影，以创作出独特的光影效果。打光是一个重要的摄影技巧，可以使被拍摄的物体更加突出，增强画面的层次感和视觉效果。

同样，在进行AI摄影创作时，我们也可以添加一些打光的关键词，如硬光（hard light）、软光（soft light）、背景光（background light）等，能够为照片带来更好的光影效果和质感。图3-6所示为硬光照片效果，光线直接照射到被拍摄物体上，这种光线比较刺眼，容易打造明暗反差大的画面效果。

图 3-6　硬光照片效果

## 3.1.7　角度

　　角度是指在拍摄照片时所选择的相机视角和拍摄位置，不同的拍摄角度可以为主体对象带来不同的视觉效果和表现形式，常见的拍摄角度有高角度（eye-level，high/bird's-eye）、低角度（eye-level/low）和平视角度（head up angle）。

　　图3-7所示为利用AI生成的城市俯拍照片效果，添加了高角度关键词，让视线从上往下，从而将城市夜景一览无遗地收入眼底，画面令人震撼。

图 3-7　城市俯拍照片效果

★ 专 家 提 醒 ★

在 AI 摄影中使用低角度关键词，可以让主体显得高大、强壮且有力量感，使其在画面中更加显眼。

### 3.1.8　辅助词

辅助词的作用主要是提升AI摄影作品的品质，它能够帮助AI更好地理解用户的需求，从而生成更符合用户期望的照片。例如，16K Resolution（16K分辨率）就是一个常用的AI摄影关键词，可以提高画面的清晰度，使用该关键词生成的照片效果如图3-8所示。对于其他辅助词的用法，将在下一节中进行详细介绍。

big falls, in the style of time-lapse photography and film,16K Resolution, time-lapse photography, poetic pastoral scenes, sky-blue --ar 135:101

图 3-8　添加关键词 photography 生成的照片

★ 专 家 提 醒 ★

需要注意的是，部分关键词的中文和英文解释并不是完全对应的，这样做主要是为了让 AI 更好地理解关键词的内容，同时关键词中的逗号要用英文的。

## 3.2　10个辅助词提升AI摄影作品效果

通过添加辅助关键词，用户可以更好地指导AI生成符合自己期望的摄影作品，同时也可以提高AI模型的准确率和绘图的质量。本节主要介绍10个AI摄影的辅助词，帮助大家提升AI摄影的出片效果。

## 3.2.1 屡获殊荣的摄影作品

屡获殊荣的摄影作品（Award winning photography）：即获奖摄影作品，它是指在各种摄影比赛、展览或评选中获得奖项的摄影作品。通过在AI摄影作品的关键词中加入Award winning photography，可以让生成的照片具有高度的艺术性、技术性和视觉冲击力，效果如图3-9所示。

图 3-9 添加关键词 Award winning photography 生成的照片效果

## 3.2.2 超逼真的皮肤纹理

超逼真的皮肤纹理（hyper realistic skin texture）：即高度逼真的肌肤质感。在AI摄影中，使用这个关键词能够表现出人物面部皮肤上的微小细节和纹理，从而使肌肤看起来更加真实和自然，效果如图3-10所示。

33

图 3-10　添加关键词 hyper realistic skin texture 生成的照片效果

### 3.2.3　电影/戏剧/史诗

电影/戏剧/史诗（cinematic/dramatic/epic）：这组关键词主要用于指定照片的风格，能够提升照片的艺术价值和视觉冲击力。图3-11所示为添加关键词epic生成的照片效果。

图 3-11　添加关键词 epic 生成的照片效果

★ 专家提醒 ★

关键词 cinematic 能够让照片呈现出电影质感，即采用类似电影的拍摄手法和后期处理方式，画面具有沉稳、柔和、低饱和度等特点。

关键词 dramatic 能够突出画面的光影构造，通常使用高对比度、强色彩、深暗部等元素来表现强烈的情感和氛围感。

关键词 epic 能够营造壮观、宏大、震撼人心的视觉效果，其画面特点包括局部高对比度、色彩明亮、前景与背景相得益彰等。

### 3.2.4　超级详细

超级详细（Super detailed）：意思是精细的、细致的，在AI摄影中应用该关键词生成的照片能够清晰地呈现出物体的细节和纹理，例如毛发、羽毛、细微的沟壑等，效果如图3-12所示。

图 3-12　添加关键词 Super detailed 生成的照片效果

关键词Super detailed通常用于生成微距摄影、自然摄影、产品摄影等题材的AI摄影作品，能够提高照片的质量和观赏性。

### 3.2.5　自然/坦诚/真实/个人化

自然/坦诚/真实/个人化（Natural/Candid/Authentic/Personal）：这组关键词通常是用来描述照片的拍摄风格或表现方式的，常用于生成肖像、婚纱、旅行等类型的AI摄影作品，能够更好地传递照片所想要表达的情感和主题。

使用关键词Natural生成的照片能够表现出自然、真实、没有加工和做作的视觉效果，通常采用较为柔和的光线和简单的构图来呈现主体的自然状态。

使用关键词Candid能够捕捉到真实、不加掩饰的人物瞬间状态，呈现出生动、自然和真实的画面感，效果如图3-13所示。

The little girl is walking on a path in the forest, aged 10, Candid, --ar 16:9

图 3-13　添加关键词 Candid 生成的照片效果

关键词Authentic的含义与Natural较为相似，但它更强调表现出照片真实、原汁原味的品质，并能让人感受到照片所代表的意境，效果如图3-14所示。

The train passed through a forest, Top-down perspective, Authentic, --ar 16:9

图 3-14　添加关键词 Authentic 生成的照片效果

关键词Personal的意思是富有个性和独特性，能够体现出照片独特的拍摄视角，同时通过抓住细节和表现方式等方面，展现出作者的个性和文化素养。

### 3.2.6　高细节/高品质/高分辨率

高细节/高品质/高分辨率（High Detail/Hyper Quality/High Resolution）：这组关键词通常用于肖像、风景、商品和建筑等类型的AI摄影作品，可以使照片在细节和纹理方面更具有表现力和视觉冲击力。

关键词High Detail能够让照片具有高度细节表现能力，即可以清晰地呈现出物体或人物的各种细节和纹理，例如毛发、眼睫毛、衣服的纹理等。而在真实的摄影中，通常需要使用高端相机和镜头拍摄并进行后期处理，才能实现High Detail的效果。

关键词Hyper Quality通过对AI摄影作品的明暗对比、白平衡、饱和度和构图等因素的严密控制，让照片具有超高的质感和清晰度，以达到非凡的视觉冲击效果，如图3-15所示。

图 3-15　添加关键词 Hyper Quality 生成的照片效果

关键词High Resolution可以为AI摄影作品带来更高的锐度、清晰度和精细度，使用它可以生成更为真实、生动和逼真的画面效果。

### 3.2.7　8K流畅/8K分辨率

8K流畅/8K分辨率（8K Smooth/8K Resolution）：这组关键词可以让AI摄影作品呈现出更为清晰流畅、真实自然的画面效果，并为观众带来更好的视觉体验。

在关键词8K Smooth中，8K表示分辨率高达7680像素×4320像素的超高清晰度（注意AI只是模拟这种效果，实际分辨率达不到），而Smooth则表示画面更加流畅、自然，不会出现画面抖动或者卡顿等问题，效果如图3-16所示。

图 3-16　添加关键词 8K Smooth 生成的照片效果

在关键词8K Resolution中，8K的意思与上面相同，Resolution则用于再次强调高分辨率，从而让画面有较高的细节表现能力和视觉冲击力，效果如图3-17所示。

图 3-17　添加关键词 8K Resolution 生成的照片效果

## 3.2.8　超清晰/超高清晰/超高清画面

超清晰/超高清晰/超高清画面（Super Clarity/Ultra-High Definition/Ultra HD Picture）：这组关键词能够为AI摄影作品带来更加清晰、真实、自然的视觉效果。

在关键词Super Clarity中，Super表示超级或极致，Clarity则代表清晰度或细节表现能力。Super Clarity可以让照片呈现出非常锐利、清晰和精细的效果，展现出更多的细节和纹理，例如肌肉、皮毛和羽毛等。

在关键词Ultra-High Definition（UHD）中，Ultra-High指超高分辨率（高达3840像素×2160像素，注意只是模拟效果），而Definition则表示清晰度。Ultra-High Definition不仅可以呈现出更加真实、生动的画面，同时还能够减少画面中的颜色噪点和其他视觉故障，使得画面看起来更加流畅，效果如图3-18所示。

图 3-18　添加关键词 Ultra-High Definition 生成的照片效果

在关键词Ultra HD Picture中，Ultra代表超高，HD则表示高清晰度或高细节表现能力。Ultra HD Picture可以使画面变得更加细腻，并且层次感更强，同时因为模拟的是高分辨率的效果，所以画质也会显得更加清晰、自然，效果如图3-19所示。

图 3-19　添加关键词 Ultra HD Picture 生成的照片效果

★ 专 家 提 醒 ★

HD 是 High-Definition 的缩写，意思是高清晰度，通常用于描述照片的分辨率和质量。需要注意的是，添加这些关键词并不会影响 AI 绘图的实际分辨率，而是会影响它的画质，如产生更多的细节，从而模拟出高分辨率的画质效果。

## 3.2.9 详细细节

详细细节（detailed）：通常指的是具有高度细节表现能力和丰富纹理。关键词 detailed 能够对照片中的所有元素都进行精细化的控制，如细微的色调变换、暗部曝光、突出或屏蔽某些元素等。

同时，detailed 会对照片的局部细节和纹理进行针对性的增强和修复，以使得照片画面更为清晰锐利、画质更佳。detailed 适用于生成静物、风景、人像等类型的 AI 摄影作品，可以让作品更具艺术感，呈现出更多的细节，效果如图3-20所示。

Natural scenery, stunning scenery, peaceful atmosphere, picturesque, idyllic, clear sky, detailed, --ar 16:9

图 3-20　添加关键词 detailed 生成的照片效果

## 3.2.10 莱卡镜头

莱卡镜头（leica lens），通常是指莱卡公司生产的高质量相机镜头，具有出色的光学性能和精密的制造工艺，从而实现完美的照片品质。

使用关键词 leica lens 不仅可以提高照片的整体质量，而且还可以获得优质的锐度和对比度，以及呈现出特定的美感、风格和氛围，效果如图3-21所示。

the water reflects in the water, in the style of rural landscapes, blue and amber, charming, zeiss planar t* 80mm f/2.8, golden palette, leica lens, --ar 3:2

图 3-21　添加 leica lens 关键词生成的照片效果

## 3.3　10个关键词增强AI的渲染品质

如今，随着单反摄影、手机摄影的普及，以及社交媒体的发展，人们在日常生活中越来越侧重于照片的渲染品质，这对传统的后期处理技术提出了更高的挑战，同时也推动了摄影技术的不断创新和进步。

渲染品质通常指的是照片呈现出来的某种效果，包括清晰度、颜色还原、对比度和阴影细节等，其主要目的是使照片看上去更加真实、生动、自然。在AI摄影中，我们也可以使用一些关键词来增强照片的渲染品质，进而提升AI摄影作品的艺术感和专业感。

### 3.3.1　摄影感

摄影感（photography）：这个关键词在AI摄影中有非常重要的作用，它通过捕捉静止或运动的物体以及自然景观等，并选择合适的光圈、快门速度、感光度等相机参数来控制AI的出片效果，例如亮度、清晰度和景深程度等。

图3-22所示为添加关键词photography生成的照片效果，照片中的亮部和暗部都能保持丰富的细节，并具有丰富多彩的色调效果。

图 3-22　添加关键词 photography 生成的照片效果

### 3.3.2　C4D渲染器

C4D渲染器（C4D Renderer）：该关键词能够帮助用户创造出逼真的电脑绘图（Computer-Generated Imagery，CGI）场景和角色，效果如图3-23所示。

图 3-23　添加关键词 C4D Renderer 生成的照片效果

C4D Renderer指的是Cinema 4D软件的渲染引擎，它是一种拥有多种渲染选项的三维图形制作软件，包括物理渲染、标准渲染以及快速渲染等方式。在AI摄影中使用关键词C4D Renderer，可以创建出非常逼真的三维模型、纹理和场景，并对其进行定向光照、阴影、反射等效果的处理，从而打造出各种令人震撼的视觉效果。

### 3.3.3　虚幻引擎

虚幻引擎（Unreal Engine）：该关键词主要用于虚拟场景的制作，可以让画面具有惊人的真实感，效果如图3-24所示。

图 3-24　添加关键词 Unreal Engine 生成的照片效果

Unreal Engine是由Epic Games团队开发的虚幻引擎，它能够创建高品质的三维图像和交互体验，并为游戏、影视和建筑等领域提供了强大的实时渲染解决方案。在AI摄影中，使用关键词Unreal Engine可以在虚拟环境中创建各种场景和角色，从而实现高度还原真实世界的画面效果。

### 3.3.4　真实感

真实感（Quixel Megascans Render）：该关键词可以突出三维场景的真实感，并添加各种细节元素，如地面、岩石、草木、道路、水体、服装等元素。使用Quixel Megascans Render关键词可以提升AI摄影作品的真实感和艺术性，效果如图3-25所示。

Quixel Megascans是一个丰富的虚拟素材库，其中的材质、模型、纹理等资源非常逼真，能够帮助用户开发更具个性的作品。

图 3-25　添加关键词 Quixel Megascans Render 生成的照片效果

### 3.3.5　模拟UE渲染场景

模拟UE渲染场景（Unreal Engine 5）：该关键词可以让虚拟场景和角色的细节表现、模型显示效果等变得更加细致，从而让生成的照片给观众带来更为真实的视觉感受，效果如图3-26所示。

图 3-26　添加关键词 Unreal Engine 5 生成的照片效果

　　Unreal Engine 5是虚幻引擎的最新版本，它集成了众多的图形技术，如全局照明、实时阴影、反射等，同时还能够以前所未有的速度和质量为游戏模拟出高度逼真、鲜活的三维（Three-Dimensional，3D）人物角色。

## 3.3.6　光线追踪

　　光线追踪（Ray Tracing）：该关键词主要用于实现高质量的图像渲染和光影效果，让AI摄影作品的场景更逼真、材质细节表现更好，从而令画面更加优美、自然，效果如图3-27所示。

图 3-27　添加关键词 Ray Tracing 生成的照片效果

　　Ray Tracing是一种基于计算机图形学的渲染引擎，它可以在渲染场景的时候更为准确地模拟光线与物体之间的相互作用，从而创建更逼真的影像效果。

## 3.3.7　V-Ray渲染器

　　V-Ray渲染器（V-Ray Renderer）：该关键词可以在AI摄影中帮助用户实现高质量的图像渲染效果，将AI创建的虚拟场景和角色逼真地呈现出来，效果如图3-28所示。同时，使用V-Ray Renderer还可以减少画面噪点，让照片的细节更加完美。

　　V-Ray Renderer是一种高保真的3D渲染器，在光照、材质、阴影等方面都能达到非常逼真的效果，可以渲染出高品质的图像和动画。

图 3-28　添加关键词 V-Ray Renderer 生成的照片效果

### 3.3.8　体积渲染

体积渲染（Volume Rendering）：该关键词可以捕捉和呈现物质在其内部和表面产生的亮度、色彩和纹理等特征，在AI摄影中常用于创建逼真的烟雾、火焰、水、云彩等元素，效果如图3-29所示。

图 3-29　添加关键词 Volume Rendering 生成的照片效果

与传统的表面渲染技术不同，Volume Rendering主要用于模拟三维空间中的各种物质，在科幻电影和动画制作上特别常见。通过使用Volume Rendering渲染技术，可以产生具有高逼真的画面效果，帮助AI摄影作品提升视觉美感。

### 3.3.9　光线投射

光线投射（Ray Casting）：使用该关键词可以有效地捕捉环境和物体之间的光线交互过程，并以更精确的方式模拟每个像素点的光照情况，实现更为逼真的画面渲染效果，如图3-30所示。

图 3-30　添加关键词 Ray Casting 生成的照片效果

Ray Casting渲染技术通常用于实现全景渲染、特效制作、建筑设计等领域。基于Ray Casting渲染技术，能够模拟出各种通量不同、形态各异且非常立体的复杂场景，包括云朵形态、水滴纹理、粒子分布、光与影的互动等。

### 3.3.10　物理渲染

物理渲染（Physically Based Rendering）：该关键词可以帮助AI尽可能地模拟真实世界中的光照、材质和表面反射等物理现象，以达到更加逼真的渲染效果，如图3-31所示。

view of jindao valley at sunset, in the style of nikon d850, 32k uhd, god rays, light yellow and dark orange, Physically Based Rendering, --ar 16:9

图 3-31　添加关键词 Physically Based Rendering 生成的照片效果

Physically Based Rendering使用逼真的物理模型来计算光线的传播和相互作用，从而更加精确地模拟真实世界中的不同光源、材质以及着色器等特性，从而大大提高单个像素点的色彩稳定性，保持并优化了对自然光的真实再现。

## 本章小结

本章主要向读者介绍了AI摄影指令的相关基础知识，具体包括8大专业级AI摄影指令、10个AI摄影辅助词、10个AI绘图渲染品质关键词等。通过对本章的学习，希望读者能够更好地掌握AI摄影指令的用法。

## 课后习题

鉴于本章知识的重要性，为了帮助读者更好地掌握所学知识，本节将通过课后习题，帮助读者进行简单的知识回顾和补充。

1. 使用关键词Award winning photography生成一张风景照片。

2. 使用关键词V-Ray Renderer生成一张人像照片。

# 第 4 章 光影色彩：获得最佳的影调效果

**本章要点：**

　　光影色彩是摄影中非常重要的元素之一，它们具有很强的视觉吸引力和情感表达效果，传达出作者想要表达的主题和情感。同样，在 AI 摄影中使用正确的光影色彩关键词，可以协助 AI 生成更加生动且富有表现力的照片。

## *4.1* 8种AI摄影常用的光线类型

在AI摄影中，合理地加入一些光线关键词，可以创造出不同的画面效果和氛围感，如阴影、明暗、立体感等。通过加入光源角度、强度、颜色等关键词，可以对画面主体进行突出或柔化处理，调整场景氛围，增强画面表现力，从而深化AI照片内容。本节主要介绍8种AI摄影常用的光线类型。

### 4.1.1 冷光

冷光（Cold light）是指色温较高的光线，通常用于表现蓝色、白色等冷色调画面。在AI摄影中，使用关键词Cold light可以营造出寒冷、清新、高科技的画面感，并且能够突出主体对象的纹理和细节。例如，在用AI生成人像照片时，添加关键词Cold light可以赋予人物青春活力和时尚感，效果如图4-1所示。

图 4-1　添加关键词 Cold light 生成的照片效果

### 4.1.2 暖光

暖光（Warm light）是指色温较低的光线，通常用于表现黄、橙、红等暖色调画面。在AI摄影中，使用关键词Warm light可以营造出温馨、舒适、浪漫的画面感，并且能够突出主体对象的色彩和质感。例如，在用AI生成美食照片时，添加关键词Warm light可以让食物变得更加诱人，效果如图4-2所示。

the potatoes are on a plate, yellow and red, melting pots, raw texture, Warm light, --ar 16:9

图 4-2　添加关键词 Warm light 生成的照片效果

### 4.1.3　侧光

侧光（Raking light）是指从侧面斜射的光线，通常用于强调主体对象的纹理和形态。在AI摄影中，使用关键词Raking light可以突出主体对象的表面细节和立体感，在强调细节的同时也会加强色彩的对比和明暗反差效果。

另外，对于人像类AI摄影作品，Raking light能够强化人物的面部轮廓，让人物的五官更加立体，塑造出独特的气质和形象，效果如图4-3所示。

a girl looks out into a room with a blue bird in the window, in the style of portraits with soft lighting, Raking light, light maroon and dark gray, pentax k1000, somber mood --ar 16:9

图 4-3　添加关键词 Raking light 生成的照片效果

### 4.1.4　逆光

逆光（Back light）是指照射方向与拍摄方向相反的光线，在摄影中也称为背光。在AI摄影中，使用关键词Back light可以营造出强烈的视觉层次感和立体感，让物体轮廓更加分明、清晰，在生成人像类和风景类的照片时效果非常好。

特别是在用AI绘制夕阳、日出、落日和水上反射等场景时，使用Back light能够产生剪影和色彩渐变，给照片带来极具艺术性的画面效果，如图4-4所示。

图 4-4　添加关键词 Back light 生成的照片效果

★ 专家提醒 ★

需要注意的是，由于背光下物体朝向画外的一面处于阴影中，可能会导致背景亮度与主体亮度的差异较大，后期可以使用 Photoshop 调整曝光度，以确保画面整体亮度适宜，避免出现失真或过曝的情况。

### 4.1.5　顶光

顶光（Top light）是指从主体的上方垂直照射下来的光线，能让主体的投影垂直显示在下面。关键词Top light非常适合生成食品和饮料等AI摄影作品，能够增强视觉诱惑力，效果如图4-5所示。

图 4-5　添加关键词 Top light 生成的照片效果

## 4.1.6　边缘光

边缘光（Edge light）是指从主体的侧面或者背面照射过来的光线，通常用于强调主体的形状和轮廓。使用关键词 Edge light 可以突出目标物体的形态和立体感，非常适合用于生成人像和静物等类型的AI摄影作品，效果如图4-6所示。

图 4-6　添加关键词 Edge light 生成的照片效果

★ 专 家 提 醒 ★

Edge light 能够自然地定义主体和背景之间的边界，并增强画面的对比度，提升视觉效果。需要注意的是，Edge light 在强调主体轮廓的同时也会产生一定程度的剪影效果，因此需要注意光源角度的控制，避免光斑与阴影出现不协调的情况。

## 4.1.7 轮廓光

轮廓光（Contour light）是指可以勾勒出主体轮廓线条的侧光或逆光，能够产生强烈的视觉张力和层次感，提升视觉效果，如图4-7所示。

some jinxy girl at dusk, in the style of nikon pc-e micro nikkor 85mm f/2.8d, lens flare, Contour light, candid portraiture, flickr, shadowy intensity --ar 4:3

图 4-7　添加关键词 Contour light 生成的照片效果

使用关键词Contour light可以使主体更清晰、生动，增强照片的展示效果，使其更加吸引观众的注意力。

## 4.1.8 立体光

立体光（Volumetric light）是指穿过一定密度的物质（如尘埃、雾气、树叶、烟雾等）而形成的有体积感的光线，有点类似于丁达尔效应。在AI摄影中，使用关键词Volumetric light可以营造出自然的氛围和光影效果，增强照片的表现力。

例如，在使用AI生成树林摄影作品时，Volumetric light能够增加画面的层次感和复杂度，营造出特殊的空间感和氛围感，效果如图4-8所示。

sun is shining through these trees, in the style of dutch landscapes, Volumetric light, light painting, national geographic photo, orderly symmetry --ar 4:3

图 4-8　添加关键词 Volumetric light 生成的照片效果

## 4.2　10种特殊的AI摄影光线用法

　　光线对AI摄影来说非常重要，它能够营造出非常自然的氛围感和光影效果，凸显照片的主题，同时也能够掩盖不足之处。因此，我们要掌握各种特殊光线关键词的用法，从而有效提升AI摄影作品的质量和艺术价值。

　　本节将为大家介绍10种特殊的AI摄影光线关键词用法，希望对大家创作出更好的作品有所帮助。

### 4.2.1　柔软的光线

　　柔软的光线（Soft light）是指柔和、温暖的光线，是一种低对比度的光线类型。在AI摄影中，使用关键词Soft light可以产生自然、柔美的光影效果，渲染出照片的情感主题和氛围。

　　例如，在使用AI生成人像照片时，添加关键词Soft light可以营造温暖、舒适的氛围，并弱化人物的皮肤、毛孔、纹理等小缺陷，使人物显得更加柔和、美好，效果如图4-9所示。

图 4-9　添加关键词 Soft light 生成的照片效果

## 4.2.2　明亮的光线

明亮的光线（Bright Top light）是指高挂（即将灯光挂在较高的位置）、高照度的顶部主光源，使用该关键词能够营造出强烈、明亮的光线效果，可以产生硬朗、直接的下落式阴影，效果如图4-10所示。

图 4-10　添加关键词 Bright Top light 生成的照片效果

### 4.2.3　晨光

晨光（Morning light）是指早晨日出时的光线，具有柔和、温暖、光影丰富的特点，可以产生非常独特和美妙的画面效果。

在AI摄影中，关键词Morning light常用于生成人像、风景等类型的照片。使用Morning light可以生成柔和的阴影和丰富的色彩变化，而不会产生太多硬直的阴影，也不会让人有光线强烈和刺眼的感觉。

Morning light能够让主体对象看起来更加自然、清晰、有层次感，也更加容易表现出照片的情绪和氛围，效果如图4-11所示。

图 4-11　添加关键词 Morning light 生成的照片效果

### 4.2.4　太阳光

太阳光（Sun light）是指来自太阳的自然光线，在摄影中也常被称为自然光（Natural light）或日光（Day light）。在AI摄影中，使用关键词Sun light可以给主体带来非常强烈、明亮的光线效果，同时也能够产生鲜明、生动、舒适、真实的色彩和阴影效果，如图4-12所示。

★ 专 家 提 醒 ★

关键词 Sun light 可以用于生成风景、人像、室内建筑、室外建筑等类型的AI摄影作品，可以带来清晰、明亮和富有质感的画面效果。

图 4-12　添加关键词 Sun light 生成的照片效果

## 4.2.5　黄金时段光

黄金时段光（Golden hour light）是指在日出或日落前后一小时内的阳光，此时段也称为"金色时刻"，此时的阳光具有柔和、温暖且呈金黄色的特点。在AI摄影中，使用关键词Golden hour light能够反射出更多的金黄色和橙色的温暖色调，让主体对象看起来更加立体、自然和舒适，层次感也更丰富，效果如图4-13所示。

图 4-13　添加关键词 Golden hour light 生成的照片效果

## 4.2.6　影棚光

影棚光（Studio light）是指在摄影棚中使用的灯光，通常会用到灯架、灯头、反射板、柔光箱等设备，使用这些设备可以在相对固定和可控的环境中创造出不同的光线和明暗效果，从而产生不同的照片效果。

在AI摄影中，使用关键词Studio light可以模拟出影棚光的照射效果，生成具有高标准画质、艺术氛围感的照片，效果如图4-14所示。

the beautiful asian girl in white dress posing against a turquoise background , Studio light,  celebrity image mashups, flickr, minimalist, --ar 2:3

图 4-14　添加关键词 Studio light 生成的照片效果

## 4.2.7　电影光

电影光（Cinematic light/Cinematic lighting）是指在摄影和电影制作中所使用的类似于电影画面风格的灯光效果，通常采用一些特殊的照明技术。

★ 专 家 提 醒 ★

*Cinematic light 的效果鲜明、富有明暗对比，可以产生出强烈的视觉冲击力和幻象感，使得照片场景更像电影情节画面，从而更好地传递影片故事。*

在AI摄影中，使用关键词Cinematic light可以让照片呈现出更加浓郁的电影感和意境感，使照片中的光线及其明暗关系更加突出，营造出的各种画面效果给人神秘、有魅力等视觉感受，效果如图4-15所示。

图 4-15　添加关键词 Cinematic light 生成的照片效果

## 4.2.8　动画光

动画光（Animation lighting）是指在动画制作中采用的一种照明，通过对灯光的类型、数量、位置以及颜色进行调整和定位，可以创造出精细而极具表现力的光影效果。在AI摄影中，使用关键词Animation lighting可以实现各种不同的视觉效果，如层次分明的渲染、精致的阴影、强烈的立体感等，效果如图4-16所示。

图 4-16　添加关键词 Animation lighting 生成的照片效果

## 4.2.9　赛博朋克光

赛博朋克光（Cyberpunk light）是一种特定的光线类型，通常用于电影画面、摄影作品和艺术作品中，以呈现明显的未来主义和科幻元素等风格。使用关键词 Cyberpunk light能够呈现出高对比度的画面、鲜艳的颜色和各种几何形状，同时也经常包含环境或场景中充满流动荧光的元素。

在AI摄影中，可以运用关键词Cyberpunk light为我们所绘制的场景赋予怀旧、古典或未来感，从而增强照片的视觉冲击力和表现力，效果如图4-17所示。

图 4-17　添加关键词 Cyberpunk light 生成的照片效果

★ 专 家 提 醒 ★

Cyberpunk 这个词源于 Cybernetics（控制论）和 Punk（朋克摇滚乐），两者结合表达了一种非正统的科技文化形态。如今，赛博朋克已经成为一种独特的文化流派，主张探索人类与科技之间的冲突，为人们提供了一种思想启示。

## 4.2.10　戏剧光

戏剧光（Dramatic light）是一种营造戏剧化场景的光线类型，通常用于电影、电视剧和照片等艺术作品，用来表现出明显的戏剧效果和张力感。Dramatic light通过使用深色、阴影以及高对比度的光影效果来营造强烈的情感冲击力。

在AI摄影中，可以运用关键词Dramatic light使主体对象获得更加突出的效果，并且能够彰显主题的独特性与形象的感知性，效果如图4-18所示。

a bride and groom at their wedding ceremony, twilight wedding dress, Dramatic light, in the style of back button focus, 8k resolution --ar 16:9

图 4-18　添加关键词 Dramatic light 生成的照片效果

## 4.3　10种流行的AI摄影色调

色调（Tone）是指整个照片的颜色、亮度和对比度的组合，它是在后期处理中通过各种软件对照片进行的色彩调整，从而使不同的颜色呈现出特定的效果和氛围。

在AI摄影中，运用色调关键词可以改变照片表现出来的情绪和气氛，增强照片的表现力和感染力。因此，用户可以通过运用不同的色调关键词来加强或抑制不同颜色的饱和度，以便更好地传达照片的主题思想和主体特征。

### 4.3.1　亮丽橙色调

亮丽橙色调（Bright Orange）是一种明亮、高饱和度的色调。在AI摄影中，使用关键词Bright Orange可以营造出充满活力、兴奋和温暖的氛围感，常常用于强调画面中的特定区域或主体等元素。

Bright Orange关键词常用于生成户外场景、阳光明媚的日落或日出、运动比赛等AI摄影作品，在这些场景中会有大量金黄色元素，因此加入Bright Orange关键词会增强照片的立体感，并凸显画面瞬间的情感张力，效果如图4-19所示。

同时，在表现人物肤色方面，使用关键词Bright Orange能够使人物形象更加灵动、生动，并营造出充满活力和温暖的氛围感。

图 4-19　添加关键词 Bright Orange 生成的照片效果

## 4.3.2　自然绿色调

自然绿色调（Natural Green）具有柔和、温馨等特点，在AI摄影中使用该关键词可以营造出大自然的感觉，令人联想到青草、森林或童年，常用于生成自然风光或环境人像等AI摄影作品，效果如图4-20所示。

图 4-20　添加关键词 Natural Green 生成的照片效果

### 4.3.3　稳重蓝色调

稳重蓝色调（Steady Blue）可以营造出给人刚毅、坚定和高雅等感受的视觉效果，适用于生成城市建筑、街道、科技场景等AI摄影作品。

在AI摄影中，使用关键词Steady Blue能够突出画面中的大型建筑、桥梁和城市景观，让画面看起来更加稳健和成熟，同时还能够营造出高雅、精致的气质，从而使照片更具美感和艺术性，效果如图4-21所示。

commercial buildings, skyscraper and modern city skyline close view, Steady Blue, in the style of glazed surfaces, caras ionut, fine and detailed, modern, sleek and stylized, angular --ar 4:3

图 4-21　添加关键词 Steady Blue 生成的照片效果

★ 专 家 提 醒 ★

再次提醒大家，Midjourney 的关键词尽量用英文，但不必区分单词的首字母大小写，AI 都能够正确识别。如果用户需要强调画面的某个特点（如构图、色调等），可以多添加相关的关键词来重复描述，让 AI 在绘画时能够进一步突出这个特点。

### 4.3.4　糖果色调

糖果色调（Candy）是一种鲜艳、明亮的色调，常用于营造轻松、欢快和甜美的氛围。Candy主要是通过提高画面的饱和度和亮度，同时减少曝光度来生成柔和的画面效果，通常会给人一种青春跃动和甜美可爱的感觉，效果如图4-22所示。

在AI摄影中，使用关键词Candy可以使画面显得更加温馨、可爱和富有生机，通常用于儿童、建筑、街景、食品、花卉等摄影题材。例如，Candy非常适合表现孩子天真、可爱的气质，以及展现各种食品诱人的甜美口感。另外，Candy还能用来强调季节的色彩变化，如春天的嫩绿色植物或者秋天的金黄色叶子。

图 4-22　添加关键词 Candy 生成的照片效果

### 4.3.5　枫叶红色调

枫叶红色调（Maple Red）是一种富有高级感和独特性的暖色调，通常用于营造温暖、温馨、浪漫和优雅的氛围。在AI摄影中，使用关键词Maple Red可以使画面充满活力与情感，适用于生成风景、肖像、建筑等题材的摄影作品。

使用关键词Maple Red能够强化画面中红色元素的视觉冲击力，营造出复古、温暖、甜美的氛围，从而赋予AI摄影作品一种特殊的情感，效果如图4-23所示。

图 4-23　添加关键词 Maple Red 生成的照片效果

### 4.3.6 霓虹色调

霓虹色调（Neon Shades）是一种非常亮丽和夸张的色调，在 AI摄影中常用于营造时尚、前卫和奇特的氛围感，尤其适用于生成城市建筑、潮流人像、音乐表演等题材的摄影作品。

使用关键词Neon Shades能够营造出夸大、张扬、高冷、前卫的视觉效果，增强元素间的反差，使其极富视觉冲击力，给人留下深刻的印象，效果如图4-24所示。

图 4-24　添加关键词 Neon Shades 生成的照片效果

### 4.3.7 柠檬黄色调

柠檬黄色调（Lemon Yellow）是一种鲜艳且明亮的色彩，常用于营造轻松、阳光和活力的氛围，在生成夏日风景、儿童、户外运动等AI摄影作品时非常适用。

Lemon Yellow能够给人带来愉悦的感觉，使画面显得轻松、明亮和充满活力，往往用于表现具有幸福、快乐、清新感的场景，如春天盛开的花朵、夏季的沙滩，以及青春时期的校园生活等，效果如图4-25所示。

图 4-25　添加关键词 Lemon Yellow 生成的照片效果

## 4.3.8　莫兰迪色调

莫兰迪色调（Muted Tones）的特点在于降低饱和度，力求让画面元素呈现出柔和、宁静等质感，能够增强照片的艺术感及文艺范儿，适用于生成自然风光、古镇、纪实摄影等类型的AI摄影作品，效果如图4-26所示。

图 4-26　添加关键词 Muted Tones 生成的照片效果

★专家提醒★

在用 AI 生成某些照片时，会添加黑色的边框，书中为了更好地展示效果图，将黑边裁掉了，因此与关键词的尺寸不太一致。

### 4.3.9 极简黑白色调

极简黑白色调（Minimalist Black and White）给人一种简约、淡雅、干净和清晰的视觉感受，在AI摄影中常用于营造单纯、素雅、精致等氛围。

Minimalist Black and White是一种简约而神秘的色调，其特点在于剔除画面中不必要的元素，突出主体并强调其形态和质感，效果如图4-27所示。

trees reflected in a lake, Minimalist Black and White, in the style of stark black-and-white photography, italian landscapes, transparent layers, minolta hi-matic 7sii --ar 2:3

图 4-27　添加关键词 Minimalist Black and White 生成的照片效果

### 4.3.10 柔和粉色调

柔和粉色调（Soft Pink）能够增强画面中的红色和粉色，以打造柔美、浪漫、甜蜜、可爱和热情的氛围，效果如图4-28所示。使用关键词Soft Pink能够让画面给人一种轻松、愉快的感觉，可以更好地表现那些柔美的元素或情感，例如婚礼照片、小清新风格的照片、少女时期的回忆照片等。

purple flowers with light flowing through them, Soft Pink, in the style of soft and dreamy pastels, lens flares, pastoral charm, konica big mini, light sky-blue and light green, poetic fragility, leica cl --ar 16:9

图 4-28 添加关键词 Soft Pink 生成的照片效果

## 本章小结

本章主要向读者介绍了AI摄影中光影色彩的相关基础知识，包括8种AI摄影常用的光线类型、10种特殊的AI摄影光线用法、10种流行的AI摄影色调。通过对本章的学习，希望读者能够更好地掌握光影色彩关键词在AI摄影中的用法。

## 课后习题

鉴于本章知识的重要性，为了帮助读者更好地掌握所学知识，本节将通过课后习题，帮助读者进行简单的知识回顾和补充。

1. 使用Midjourney生成一张侧光人像照片。

2. 使用Midjourney生成一张糖果色调的花卉照片。

# 第 5 章 摄影构图：快速提升画面的美感

**本章要点：**

　　构图是摄影创作中不可或缺的部分，它通过有意识地安排视觉元素来增强照片的感染力和视觉吸引力。在 AI 摄影中使用构图关键词，同样也能够增强画面的视觉效果，传达出独特的观感和意义。

## **5.1**　4种AI摄影的构图视角控制方式

　　在AI摄影中，构图视角是指镜头位置和主体的拍摄角度，通过合适的视角控制，可以增强画面的吸引力和表现力，为照片带来最佳的观赏效果。本节主要介绍4种控制AI摄影构图视角的方式，帮助大家生成不同视角的照片效果。

### 5.1.1　正视图

　　正视图（Front view）是指将主体对象置于镜头前方，让其正面朝向观众的一种构图视角。也就是说，这种拍摄角度的拍摄者与被摄主体平行，并且大多以正面为主要展现区域，效果如图5-1所示。

图 5-1　正视图效果

　　在AI摄影中，使用关键词Front view可以呈现出被摄主体最清晰、最直接的形态，表达出来的内容和情感相对真实而有力，很多人都喜欢使用这种方式来刻画人物的神情、姿态等，或者呈现产品的外观形态，以达到更贴合人心的效果。

### 5.1.2　后视图

　　后视图（Back view）是指将镜头置于主体对象后方，从其背后拍摄的一种构图视角，适合强调被摄主体的背面形态和表达其情感的场景，效果如图5-2所示。

图 5-2 后视图效果

在AI摄影中，使用关键词Back view可以突出被摄主体的背面轮廓和形态，并能够展示出不同的视觉效果，营造出神秘、悬疑或引人遐想的氛围。

### 5.1.3 左视图

左视图（Left side view）是指将镜头置于主体对象左侧的一种构图视角，常用于展现人物的神态和姿态，或者突出左侧有特殊含义的场景，效果如图5-3所示。

图 5-3 左视图效果

在AI摄影中，使用关键词Left side view可以刻画出被拍摄主体左侧面的形态特点或意境，并能够表达出某种特殊的情绪、性格和感觉，或者给观众带来一种开阔、自然的视觉感受。

★ 专 家 提 醒 ★

左视图还有两种特殊的视角，分别为3/4左视图（0.75 left view）和3/4左后视图（0.75 left back view），选择合适的构图视角关键词，能够更好地表现所要展示的内容和情感，使画面主体更加生动、感人、充满活力。

## 5.1.4 右视图

右视图（Right side view）是指将镜头置于主体对象右侧的构图视角，强调右侧的信息和特征，或者突出右侧轮廓中有特殊含义的场景，效果如图5-4所示。

a girl with long hair standing in the park, Right side view, in the style of light maroon and white, hallyu, 32k uhd, emotive body language, blink-and-you-miss-it detail, warmcore --ar 3:2

图 5-4 右视图效果

在AI摄影中，使用关键词Right side view可以强调主体右侧的细节或整体效果，制造出视觉上的对比和平衡，增强照片的艺术感和吸引力。

另外，右视图的关键词还有3/4右视图（0.75 right view）和3/4右后视图（0.75 right back view），使用不同的关键词能够生成丰富多样的AI摄影作品。

## 5.2 5种AI摄影的镜头景别控制方式

摄影中的镜头景别通常指主体对象与镜头的距离，表现出来的效果就是主体在画面中的大小，如远景、全景、中景、近景、特写/超特写等。

在AI摄影中，合理地使用镜头景别关键词可以生成更好的画面效果，并在一定程度上突出主体对象的特征和情感，以表达出用户想要传达的主题和意境。

### 5.2.1 远景

远景（Wide angle）又称为广角视野（Ultra wide shot），是指以较远距离拍摄场景、环境的景别，呈现出广阔的视野和大范围的画面效果，如图5-5所示。

图 5-5 远景效果

在AI摄影中，使用关键词Wide angle能够将人物、建筑或其他元素与周围环境相融合，突出场景的宏伟壮观和自然风貌。

另外，使用关键词Wide angle还可以表现出人与环境之间的关系，以及起到烘托氛围和衬托主体的作用，使得整个画面更富有层次感。

### 5.2.2 全景

全景（Full shot）是指将整个主体对象完整地展现于画面中的景别，可以使观众更好地了解到主体的形态和特点，并进一步感受到主体的气质与风貌，效果如图5-6所示。

在AI摄影中，使用关键词Full shot可以更好地表现被摄主体的自然状态、姿态和大小，将其完整地呈现出来。同时，Full shot还可以作为补充元素，用于烘托氛围和强化主题，更加生动、具体地把握主体对象的情感和心理变化。

图 5-6　全景效果

### 5.2.3　中景

中景（Medium shot）是指将人物主体的上半身（通常为膝盖以上）呈现在画面中的景别，可以展示出一定程度的背景环境，同时也能够使主体更加突出，效果如图5-7所示。

在AI摄影中，使用关键词Medium shot可以将被摄主体完全填充于画面中，使得观众更容易与主体产生共鸣，同时还可以创造出更加真实、自然且具有文艺性的画面效果，为照片注入生命力。

图 5-7　中景效果

## 5.2.4　近景

近景（Medium close up）是指将人物主体的头部和肩部（通常为胸部以上）完整地展现于画面中的景别，能够突出人物的面部表情和细节特点，效果如图5-8所示。

asian girl leaning forward toward the wall, Medium close up, in the style of dark red and light gray, social media portraiture, simple and elegant style, konica big mini, happenings, neo-pop sensibility --ar 3:2

图 5-8　近景效果

在AI摄影中，使用关键词Medium close up能够很好地表现出人物主体的情感细节，具体作用有以下两个方面。

·首先，利用近景可以突出人物面部的细节，如表情、眼神、嘴唇等，进一步反映出人物的内心世界和情感状态。

·其次，近景还可以为观众提供更丰富的信息，帮助他们更准确地了解到主体所处的场景和背景环境。

## 5.2.5　特写/超特写

特写（Close up）是指将主体对象的某个部位或细节放大呈现于画面中的景别，强调其重要性和细节特点，如人物的头部，效果如图5-9所示。在AI摄影中，使用关键词Close up可以将观众的视线集中到主体对象的某个部位上，加强特定元素的表现效果，并且让观众产生强烈的视觉感受和情感共鸣。

　　超特写（Extreme close up）是指将主体对象的极小部位放大呈现于画面中的景别，适用于表述主体的最细微部分或某些特殊效果，如图5-10所示。在AI摄影中，使用关键词Extreme close up可以更有效地突出画面主体，增强视觉效果，同时更为直观地传达观众想要了解的信息。

图 5-9　特写效果

图 5-10　超特写效果

## 5.3 10大热门的AI摄影构图方式

构图是指在摄影创作中，通过调整视角、摆放被摄对象和控制画面元素等复合技术手段来塑造画面效果的艺术表现形式。

同样，在AI摄影中，通过运用各种构图关键词，可以让主体对象呈现出最佳的视觉表达效果，进而营造出所需的气氛和风格。

### 5.3.1 前景构图

前景构图（Foreground）是指通过前景元素来强化主体的视觉效果，以产生具有视觉冲击力和艺术感画面效果的构图方式，如图5-11所示。前景通常是指相对靠近镜头的物体，背景（Background）则是指位于主体后方且远离镜头的物体或环境。

图 5-11　前景构图效果

在AI摄影中，使用关键词Foreground可以丰富画面色彩和层次，并能够增加照片的丰富度，让画面变得更为生动、有趣。在某些情况下，Foreground还可以用来引导视线，更好地吸引观众的目光。

### 5.3.2 景深构图

景深构图（Depth of field）是指将前景、主体和背景的清晰度和模糊度区分开来，强化其中一个或多个部分的焦点，以产生具有艺术感和立体感画面效果的构图方式。

在AI摄影中，使用关键词Depth of field可以创造出不同的视觉效果，如浅景深（Shallow depth of field）可以单独突出主体元素，深景深（Large depth of field/Deep depth of field）可以让整个场景都清晰可见。通常情况下，Depth of field默认为浅景深，可以凸显主体、简化背景，营造柔美氛围，效果如图5-12所示。

图 5-12　景深构图效果

### 5.3.3　对称构图

对称构图（Symmetry）是指将被摄对象平分成两个或多个相等的部分，在画面中形成左右对称、上下对称或者对角线对称等不同的形式，从而产生平衡和富有美感画面效果的构图方式，如图5-13所示。

图 5-13　对称构图效果

在AI摄影中，使用关键词Symmetry可以创造出一种冷静、稳重、平衡和具有美学价值的对称视觉效果，往往会给人们带来视觉上的舒适感和认可感，并强化他们对画面主体的印象和关注度。

### 5.3.4　框架构图

框架构图（Framing）是指通过在画面中增加一个或多个"边框"的构图方式，会将主体对象锁定在其中，可以更好地表现画面的魅力，并营造出富有层次、优美且出众的视觉效果，如图5-14所示。

图 5-14　框架构图效果

在AI摄影中，关键词Framing可以与多种"边框"结合使用，如树枝、山体、花草等物体自然形成的"边框"，或者窄小的通道、建筑物、窗户、阳台、桥洞、隧道等人工制造出来的"边框"。

### 5.3.5　中心构图

中心构图（Center the composition）是指将主体对象放置于画面正中央的构图方式，并且使其尽可能地处于画面的对称轴上，使主体在画面中显得非常突出和集中，效果如图5-15所示。在AI摄影中，使用关键词Center the composition可以有效地突出主体的形象和特征，适用于花卉、鸟类、宠物和人像等类型的照片。

图 5-15　中心构图效果

## 5.3.6　微距构图

微距构图（Macro shot）是一种专门用于拍摄微小物体的构图方式，主要目的是尽可能地展现主体的细节和纹理，以及赋予其更大的视觉冲击力，适用于花卉、昆虫、鸟类、美食或者生活中的小物品等类型的照片，效果如图5-16所示。

图 5-16　微距构图效果

在AI摄影中，使用关键词Macro shot可以大幅度地放大展现非常小的主体的细节和特征，包括纹理、线条、颜色、形状等，从而创造出一个独特且让人惊艳的视觉空间，更好地表现画面主体的神秘、精致和美丽。

### 5.3.7　消失点构图

消失点构图（Vanishing point composition）是指将画面中所有线条或物体的近端（或远端）都向一个共同的点（这个点就称为消失点）汇聚的构图方式，可以表现出空间深度和高低错落的感觉，效果如图5-17所示。

图 5-17　消失点构图效果

在AI摄影中，使用关键词Vanishing point composition能够增强画面的立体感，并通过塑造画面空间来提升视觉冲击力，适用于城市风光、建筑、道路、铁路、桥梁、隧道等类型的照片。

### 5.3.8　对角线构图

对角线构图（Diagonal composition）是指利用物体、形状或线条的对角线来划分画面，并使画面具有更强的动感和层次感的构图方式，效果如图5-18所示。

在AI摄影中，使用关键词Diagonal composition可以将主体或关键元素沿着对角线放置，可以让画面在视觉上产生一种意想不到的张力，吸引人们的注意力并引起他们的兴趣。

图 5-18　对角线构图效果

### 5.3.9　引导线构图

引导线构图（Leading Lines）是指利用画面中的直线或曲线等元素来引导观众的视线，从而使画面在视觉上更为有趣、形象和富有表现力的构图方式，效果如图5-19所示。

图 5-19　引导线构图效果

在AI摄影中，关键词Leading Lines需要与照片场景中的道路、建筑、云朵、河流、桥梁等其他元素结合使用，从而巧妙地引导观众的视线，使其逐渐地从画面的一端移动到另一端，并最终停留在主体上或者浏览完整张照片。

### 5.3.10　三分法构图

三分法构图（Rule of thirds）又称为三分线构图（Three line composition），是指将画面横向或竖向平均分割成三部分，并将主体或重点位置放置在这些分割线或交点上，可以有效提高照片画面的平衡感和突出主体，效果如图5-20所示。

图 5-20　三分法构图效果

在AI摄影中，使用关键词Rule of thirds可以将画面主体平衡地放置在相应的位置上，实现视觉张力的均衡分配，从而更好地传达出画面的主题和情感。

## 本章小结

本章主要向读者介绍了AI摄影的相关构图关键词，具体内容包括4种AI摄影的构图视角控制方式、5种AI摄影的镜头景别控制方式、10大热门的AI摄影构图方式。通过对本章的学习，希望读者能够更好地创作构图精美的AI摄影作品。

## 课后习题

鉴于本章知识的重要性，为了帮助读者更好地掌握所学知识，本节将通过课后习题，帮助读者进行简单的知识回顾和补充。

1. 使用Midjourney生成一张正视图的人物中景照片。

2. 使用Midjourney生成一张景深构图的美食照片。

# 第 6 章　艺术风格：打造特色鲜明的作品

**本章要点：**

　　AI 摄影中的艺术风格是指用户在照片创作中所表现出的美学风格和个人的独创性，它通常涵盖了构图、光线、色彩、题材、处理技巧等多种因素，以体现作品独特的视觉语言和作者的审美追求。

## 6.1　8类AI摄影风格的重点关键词

摄影风格是指AI摄影作品中呈现出的独特、个性化的风格和审美表达方式，反映了作者对画面的理解、感知和表达。本节主要介绍8类AI摄影风格的重点关键词，可以帮助大家更好地塑造自己的审美观，并提升照片的品质和表现力。

### 6.1.1　抽象主义风格

抽象主义（Abstractionism）是一种以形式、色彩为重点的摄影艺术流派，通过结合主体对象和环境中的构成、纹理、线条等元素进行创作，将原来真实的景象转化为抽象的图像，传达出一种突破传统审美习惯的审美挑战，效果如图6-1所示。

图 6-1　抽象主义风格的 AI 照片效果

在AI摄影中，抽象主义风格的关键词包括：鲜艳的色彩（Vibrant colors）、几何形状（Geometric shapes）、抽象图案（Abstract patterns）、运动和流动（Motion and flow）、纹理和层次（Texture and layering）。

### 6.1.2　现实主义风格

现实主义（Realism）是一种致力于展现真实生活、真实情感和真实经验的摄影艺术风格，它更加注重如实地描绘大自然和反映现实生活，探索被摄对象所处时代、社会、文化背景下的意义与价值，呈现人们亲身体验并能够产生共鸣的生活场景和情感状态，效果如图6-2所示。

图 6-2　现实主义风格的 AI 照片效果

在AI摄影中，现实主义风格的关键词包括：真实生活（Real life）、自然光线与真实场景（Natural light and real scenes）、超逼真的纹理（Hyper-realistic texture）、精确的细节（Precise details）、逼真的静物（Realistic still life）、逼真的肖像（Realistic portrait）、逼真的风景（Realistic landscape）。

## 6.1.3　超现实主义风格

超现实主义（Surrealism）是指一种挑战常规的摄影艺术风格，追求超越现实，呈现出理性和逻辑之外的景象和感受，效果如图6-3所示。超现实主义风格倡导通过摄影手段表达非显而易见的想象和情感，强调表现作者的心灵世界和审美态度。

在AI摄影中，超现实主义风格的关键词包括：梦幻般的（Dreamlike）、超现实的风景（Surreal landscape）、神秘的生物（Mysterious creatures）、扭曲的现实（Distorted reality）、超现实的静态物体（Surreal still objects）。

★ 专 家 提 醒 ★

超现实主义风格不拘泥于客观存在的对象和形式，而是试图反映人物的内在感受和情绪状态，这类 AI 摄影作品能够为观众带来前所未有的视觉冲击力。

图 6-3　超现实主义风格的 AI 照片效果

## 6.1.4　极简主义风格

极简主义（Minimalism）是一种强调简洁、减少冗余元素的摄影艺术风格，旨在通过精简的形式和结构来表现事物的本质和内在联系，追求视觉上的简约、干净和平静，让画面更加简洁且具有力量感，效果如图6-4所示。

图 6-4　极简主义风格的 AI 照片效果

在AI摄影中，极简主义风格的关键词包括：简单（Simple）、简洁的线条（Clean lines）、极简色彩（Minimalist colors）、负空间（Negative space）、极简静物（Minimal still life）。

## 6.1.5　古典主义风格

古典主义（Classicism）是一种提倡使用传统艺术元素的摄影艺术风格，注重作品的整体性和平衡感，追求一种宏大的构图方式和庄重的风格、气魄，创造出具有艺术张力和现代感的摄影作品，效果如图6-5所示。

在 AI 摄影中，古典主义风格的关键词包括：对称（Symmetry）、秩序（Hierarchy）、简洁性（Simplicity）、明暗对比（Contrast）。

A girl in a long skirt stood in front of the old frenchwindow,in the style of miss aniela, Classicist approach, romantic academia, light white and amber, vladimirkush, multiple filter effect --ar 3:4

图 6-5　古典主义风格的 AI 照片效果

## 6.1.6　印象主义风格

印象主义（Impressionism）是一种强调情感表达和氛围感受的摄影艺术风格，通常选择柔和、温暖的色彩和光线，在构图时注重景深和镜头虚化等视觉效果，以创造出柔和、流动的画面感，从而传递给观众特定的氛围和情绪，效果如图6-6所示。

在AI摄影中，印象主义风格的关键词包括：模糊的笔触（Blurred strokes）、彩绘光（Painted light）、印象派风景（Impressionist landscape）、柔和的色彩（Soft colors）、印象派肖像（Impressionist portrait）。

图 6-6 印象主义风格的 AI 照片效果

## 6.1.7 流行艺术风格

流行艺术（Pop art）风格是指在特定时期或一段时间内，具有代表性和影响力的摄影艺术形式或思潮，具有鲜明的时代特征和审美风格，效果如图6-7所示。

图 6-7 流行艺术风格的 AI 照片效果

不同于传统摄影追求真实记录的特点，流行艺术风格更加关注个人表达和视觉效果，通常运用各种前沿技术和创新手法，打破传统习惯，努力寻求新的摄影语言和形式，对于当下及未来的摄影发展具有重要的启示和推动作用。

在AI摄影中，流行艺术风格的关键词包括：大胆的色彩（Bold colors）、程式化的肖像（Stylized portraits）、名人面孔（Famous faces）、波普艺术静物（Pop art still life）、波普艺术风景（Pop art landscape）。

## 6.1.8　街头摄影风格

街头摄影（Street photography）是一种强调对社会生活和人文关怀表达的摄影艺术风格，尤其侧重于捕捉那些日常生活中容易被忽视的人和事，效果如图6-8所示。街头摄影风格非常注重对现场光线、色彩和构图等元素的把握，追求真实的场景记录和情感表现。

图 6-8　街头摄影风格的 AI 照片效果

在AI摄影中，街头摄影风格的关键词包括：城市风景（Urban landscape）、街头生活（Street life）、动态故事（Dynamic stories）、街头肖像（Street portraits）、高速快门（High-speed shutter）、扫街抓拍（Street Sweeping Snap）。

## 6.2　5种特殊的摄影艺术创作形式

摄影是一种具有创造性、表现力和感染力的视觉艺术形式，它通过捕捉生活中的瞬间、呈现世界的另一面，让观众在影像中寻找情感共鸣和审美体验。

因此，AI摄影也需要不断探索新的艺术创作形式，使得作品的表现方式更加多样化和丰富化。本节主要介绍5种特殊的AI摄影艺术创作形式，为人们带来艺术上的享受和启迪。

### 6.2.1　错觉艺术形式

错觉艺术（Op art portrait）是一种基于视觉错觉原理，并以极简风格为特色的艺术形式，可以很好地展现出作者的创意和技巧，提高作品的独创性和艺术性。

在AI摄影中，使用关键词Op art portrait可以使画面中的线条、颜色和形状出现视觉上的变化和偏差，给人一种愉悦或不适的感受，可以将平凡的人像转变成具有独特魅力的艺术品，效果如图6-9所示。

图 6-9　错觉艺术形式的 AI 照片效果

### 6.2.2　仙姬时尚艺术形式

仙姬时尚（Fairy Kei fashion）是一种受到日本动漫文化影响的流行艺术形式，以粉嫩、浅蓝色、浅绿色等淡雅的颜色为主，并运用诸如图案、蕾丝、荧光配色等元素，营造飘逸、素雅、淡然的独特氛围，效果如图6-10所示。

在AI摄影中，使用关键词Fairy Kei fashion可以营造柔和、温馨的氛围，同时对人像摄影来说还可以突出其个性和品位，提高作品的艺术性和鲜明度。

图 6-10　仙姬时尚艺术形式的 AI 照片效果

## 6.2.3　CG插画艺术形式

CG插画（CG rendering/Exquisite CG）是一种依靠计算机创造和处理的电子插画艺术形式，其包含3D建模、贴图、动画制作等技术。在AI摄影中，CG插画通常用于特效创作和合成，通过添加电子元素来丰富画面内容，例如虚构的场景、梦幻的背景或卡通风格的人物形象等，效果如图6-11所示。

图 6-11　CG 插画艺术形式的 AI 照片效果

CG插画具有极高的自由度和创意性，可以将抽象概念可视化，从而表达作者的创意和情感。同时，使用关键词CG rendering/Exquisite CG还能够提高AI照片的吸引力和效果，让其更具视觉冲击力。

### 6.2.4 珍珠奶茶艺术形式

珍珠奶茶艺术（Pearl milk tea style）是一种新兴的AI摄影创作形式，以奶茶饮品及其盛器、元素为灵感，营造甜美、浪漫的氛围，效果如图6-12所示。

a girl laying down on a pink bed, Pearl milk tea style, in the style of kawaii charm, white and aquamarine, calming, happycore, lovely, honeycore, fairycore, romantic scenes, i can't believe how beautiful this is --ar 16:9

图 6-12 珍珠奶茶艺术形式的 AI 照片效果

珍珠奶茶艺术形式通常采用粉色、棕色和白色为主调，并且配以类似于珍珠或球状物体的细节图案，让照片更加生动、有趣。在AI摄影中，使用关键词Pearl milk tea style可以带来浪漫和个性张扬的视觉效果，能够吸引更多人的关注。

### 6.2.5 工笔画艺术形式

工笔画（Claborate-style painting/gong bi）是一种中国传统的绘画艺术形式，通常用于描绘花卉、鸟兽、人像以及山水名胜等主题，强调细腻的线条表现和色彩细节的描绘，注重物象形态的真实性和层次的清晰度。

在AI摄影中，可以使用工笔画艺术形式来表现具有中国特色的文化元素，使照片更富有艺术表现力和文化内涵，效果如图6-13所示。照片中的鸟与花元素具有了生机和自然的感觉，淡红色和浅绿色的点缀给整个画面增添了一抹色彩。

A Chinese woman wearing a qipao poses for a photo, Claborate-style painting, in the style of romantic and nostalgic themes, Circular composition, light gray and light gold, birds & flowers, light red and light green, simple and elegant style, dreamlike quality, gong bi

图 6-13　工笔画艺术形式的 AI 照片效果

## 本章小结

　　本章主要向读者介绍了AI摄影的艺术风格类型，包括8类AI摄影风格的重点关键词和5种特殊的摄影艺术创作形式，不同的艺术风格有其独特的审美追求和表现手法，可以为AI摄影作品增色添彩，赋予照片更加深刻的意境和情感表达。通过对本章的学习，希望读者能够更好地使用AI生成独具一格的摄影作品。

## 课后习题

　　鉴于本章知识的重要性，为了帮助读者更好地掌握所学知识，本节将通过课后习题，帮助读者进行简单的知识回顾和补充。

　　1. 使用Midjourney生成一张超现实主义风格的照片。

　　2. 使用Midjourney生成一张街头摄影风格的照片。

# 【专题实战篇】

## 第 7 章　人像摄影：捕捉人物的美丽瞬间

**本章要点：**

　　在所有的摄影题材中，人像的拍摄占据着非常大的比例，因此如何用 AI 生成人像照片也是很多初学者迫切希望学会的。多学、多看、多练、多积累关键词，这些都是用 AI 创作优质人像摄影作品的必经之路。

# 7.1 传统肖像

传统肖像是一种以人物为主题的摄影形式，通常注重捕捉人物的面部表情、姿态和特征。传统肖像更强调对人物的形象、个性和情感的揭示，通过使用合适的光线、背景和构图技巧来呈现被摄者的真实或理想形象。

传统肖像摄影常常在摄影棚内或户外场景中进行，借助专业摄影设备和技术，通过合适的姿势、表情和衣着来塑造人物的形象。其实，用AI绘图工具也可以快速生成传统肖像摄影作品。下面介绍利用InsightFaceSwap协同Midjourney生成传统肖像摄影作品的方法。

**步骤01** 在Midjourney下面的输入框内输入/，在弹出的列表中，单击左侧的InsightFaceSwap图标■，如图7-1所示。

**步骤02** 执行操作后，选择/saveid（保存id）指令，如图7-2所示。

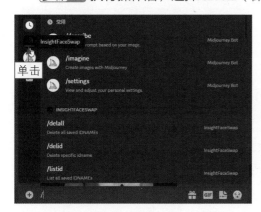

图 7-1　单击 InsightFaceSwap 图标

图 7-2　选择 /saveid 指令

**步骤03** 执行操作后，输入相应的idname（身份名称），如图7-3所示。idname可以为任意8位以内的英文字符和数字。

**步骤04** 单击上传按钮■，上传一张面部清晰的人物图片，如图7-4所示。

图 7-3　输入相应的 idname

图 7-4　上传一张人物图片

★ 专 家 提 醒 ★

InsightFaceSwap 是一款专门针对人像处理的 Discord 官方插件，它能够批量且精准地替换人物脸部，同时不会改变图片中的其他内容。

**步骤 05** 按【Enter】键确认，即可成功创建idname，如图7-5所示。

**步骤 06** 接下来使用/imagine指令生成人物肖像图片，并放大其中一张图片，效果如图7-6所示。

图 7-5　创建 idname

图 7-6　生成图片并放大

**步骤 07** 在大图上单击鼠标右键，在弹出的快捷菜单中选择APP（应用程序）│INSwapper（替换目标图像的面部）命令，如图7-7所示。

**步骤 08** 执行操作后，InsightFaceSwap即可替换人物面部，效果如图7-8所示。

图 7-7　选择 INSwapper 选项

图 7-8　替换人物面部效果

**步骤09** 另外，用户也可以在Midjourney下面的输入框内输入/，在弹出的列表中选择/swapid（换脸）指令，如图7-9所示。

**步骤10** 执行操作后，输入刚才创建的idname，并上传想要替换人脸的底图，效果如图7-10所示。

图 7-9　选择 /swapid 指令

图 7-10　上传想要替换人脸的底图

**步骤11** 按【Enter】键确认，即可调用InsightFaceSwap机器人替换底图中的人脸，效果如图7-11所示。

图 7-11　替换人脸效果

## 7.2　生活人像

生活人像是一种以真实生活场景为背景的人像摄影形式，与传统肖像摄影不同，它更加注重捕捉人物在日常生活中的真实情感、动作和环境。

生活人像摄影追求自然、真实和情感的表达，通过记录人物的日常活动、交流和情感体验，强调生活中的细微瞬间，让观众感受到真实而独特的人物故事。图7-12所示为使用AI绘制的生活人像照片，添加了bunny（兔子）和stuffed animal（毛绒玩具）等关键词，来描述生活化的场景。

a young girl wearing a white dress and bunny ears holding a stuffed animal, in the style of dynamic outdoor shots, light pink and black, vivid portraiture, nikon af600, romantic emotion --ar 2:3

图 7-12　生活人像照片效果

在使用AI生成生活人像照片时，需要加入一些户外或居家环境的关键词，并添加合适的构图、光线和纪实摄影等专业摄影类的关键词，从而将人物与环境融合在一起，创造出具有故事性和引起情感共鸣的AI摄影作品。

## 7.3　环境人像

环境人像旨在通过将人物与周围环境有机地结合在一起，以展示人物的个性、身份和生活背景，通过环境与人物的融合来传达更深层次的意义和故事。

扫码看教学视频

101

在AI人像摄影中，环境人像更加注重环境关键词的描述，需要将人物置于具有特定意义或符号性的背景中，环境同样也是主体之一，并且通过环境来突出主体，效果如图7-13所示。

图 7-13　环境人像照片效果

在Midjourney中，用户可以使用/blend（混合）指令快速上传2～5张图片，然后查看每张图片的特征，并将它们混合成一张新的图片。下面介绍利用Midjourney合成环境人像摄影作品的操作方法。

步骤 01　在Midjourney下面的输入框内输入/，在弹出的列表中选择/blend指令，如图7-14所示。

步骤 02　执行操作后，出现两个图片框，单击左侧的上传按钮，如图7-15所示。

图 7-14　选择 /blend 指令

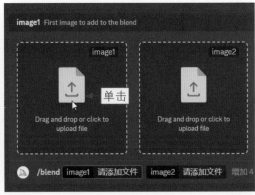

图 7-15　单击上传按钮

步骤 03 执行操作后，弹出"打开"对话框，选择相应的图片，如图7-16所示。

步骤 04 单击"打开"按钮，将图片添加到左侧的图片框中，并用同样的方法在右侧的图片框中添加一张图片，如图7-17所示。

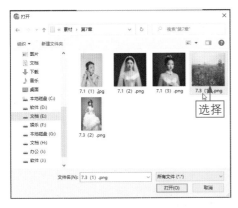

图 7-16　选择相应的图片

图 7-17　添加两张图片

步骤 05 连续按两次【Enter】键，Midjourney会自动完成图片的混合操作，并生成4张新的图片，这是没有添加任何关键词的效果，如图7-18所示。

步骤 06 单击U1按钮，放大第1张图片，效果如图7-19所示。

图 7-18　生成 4 张新的图片

图 7-19　放大第 1 张图片

★ 专家提醒 ★

输入 /blend 指令后，系统会提示用户上传两张图片。要添加更多的图片，可选择 optional/options（可选的 / 选项）字段，然后选择 image（图片）3、image4 或 image5 字段添加对应数量的图片。

/blend 指令最多可处理 5 张图片，如果用户要使用 5 张以上的图片，可使用 /imagine 指令。为了获得最佳的图片混合效果，用户可以上传与自己想要的结果具有相同宽高比的图片。

## 7.4 私房人像

私房人像是指在私人居所或私密环境中拍摄的人像照片，着重于展现人物的亲密性和自然状态。私房人像摄影常常在家庭、个人生活空间或特定的私人场所进行，通过独特的场景布置、温馨的氛围和真实的情感来捕捉个人的生活状态，创造独特的形象和记忆。

在用 AI 生成私房人像照片时，需要强调舒适和放松的氛围，让人物在熟悉的环境中表现出更为自然的状态，并营造出更贴近真实生活的画面感，效果如图7-20所示。

图 7-20　私房人像照片效果

## 7.5 儿童人像

儿童人像是一种专注于拍摄儿童的摄影形式，它旨在捕捉孩子们纯真、活泼和可爱的瞬间，记录他们的成长和个性。

在用 AI 生成儿童人像照片时，关键词的重点在于展现出儿童的真实表情和情感，同时还要描述合适的环境和背景，以及准确捕捉到他们的笑容、眼神或动作等瞬间状态，效果如图7-21所示。

图 7-21　儿童人像照片效果

## 7.6　纪实人像

　　纪实人像是一种以记录真实生活场景和人物为目的的摄影形式，它强调捕捉人物的真实情感、日常生活以及社会背景，以展现出真实的故事感。

　　在用AI生成纪实人像照片时，关键词应该力求捕捉到人物真实的表情、情感和个性，以便让人物自然而然地展示出真实的一面，效果如图7-22所示。纪实人像AI摄影的常用关键词有in the style of candid photography style（坦率的摄影风格）、realist: lifelike accuracy（现实主义：逼真的准确性）等。

图 7-22　纪实人像照片效果

# 7.7 古风人像

古风人像是一种以古代风格、服饰和氛围为主题的人像摄影形式，它追求传统美感，通过细致的布景、服装和道具，将人物置于古风背景中，创造出古典而优雅的画面，效果如图7-23所示。

图 7-23　古风人像照片效果

在用AI生成古风人像照片时，可以添加以下关键词来营造古风氛围。

（1）Silk（绸缎）：高贵、典雅的丝织品。

（2）HanFu（汉服）：中国古代的传统服饰。

（3）Gugin（古琴）：中国古代的弹拨乐器。

（4）Velvet（金丝绒）：柔软、光泽度高的纺织面料。

（5）Cloud pattern（云纹）：模拟云层纹路的装饰元素。

（6）Ancient coins（古代钱币）：代表着不同朝代的文化。

（7）Dragon and phoenix（龙凤）：中国传统的吉祥图案。

（8）Classical architecture（古典建筑）：古风特色的建筑。

## 7.8 婚纱照

婚纱照是指人物穿着婚纱礼服的照片，在用AI生成这类照片时，可以添加 Wedding Dress（婚纱）、bride（新娘）、flowers（鲜花）等关键词，以创造出唯美、永恒的氛围感，效果如图7-24所示。

beautiful Asia bride, posing in a blue Wedding Dress, surrounded by flowers, stock photo, in the style of light purple and light gray, uhd image, dreamlike atmosphere, high quality photo, bold yet graceful --ar 16:9

图 7-24　婚纱照效果

## 7.9 情侣照

情侣照是指由情侣合影拍摄的照片，能够传递出情侣之间温馨、幸福的感觉，效果如图7-25所示。在用AI绘制情侣照时，关键词的描述要点包括以下几个方面。

（1）亲密姿势：情侣之间展现亲密的姿势，如拥抱、牵手等。

（2）自然表情：捕捉真实、放松的表情，展现情侣之间的快乐和真诚。

（3）背景环境：选择有特殊意义的背景，如浪漫的风景或重要的地点。

（4）服装搭配：合理搭配服装，突出情侣之间的和谐和个性。

couples in love sitting with guitar, light green and sky-blue, portraiture with emotion, outdoor scenes, light red and white, romantic sensibility, emotive body language --ar 3:4

图 7-25　情侣照效果

## 7.10　证件照

　　证件照是指用于个人身份认证的照片，通常用于证件、文件或注册等场合，效果如图7-26所示。

　　在用AI生成证件照时，可以加入清晰度、面部表情（自然、端庄）、背景色彩（通常为纯色背景，如白色、红色或浅蓝色）、服装装扮（整洁得体）、光线和阴影（照明应均匀）等关键词，从而准确地反映个人特征和形象。

图 7-26　证件照效果

## 本章小结

　　本章主要向读者介绍了AI人像摄影的相关题材和案例，包括传统肖像、生活人像、环境人像、私房人像、儿童人像、纪实人像、古风人像、婚纱照、情侣照、证件照等。通过对本章的学习，希望读者能够更好地掌握用AI生成人像照片的方法。

## 课后习题

　　鉴于本章知识的重要性，为了帮助读者更好地掌握所学知识，本节将通过课后习题，帮助读者进行简单的知识回顾和补充。

　　1. 使用Midjourney生成一张生活人像照片。

　　2. 使用Midjourney生成一张古风人像照片。

# 第 8 章　风光摄影：轻松绘出风景大片

**本章要点:**

　　风光摄影是一种旨在捕捉自然美的摄影艺术，在进行 AI 摄影绘图时，用户需要通过构图、光影、色彩等关键词，用 AI 生成自然景色照片，展现出大自然的魅力和神奇之处，将想象中的风景变成风光摄影大片。

## 8.1 云彩

扫码看教学视频

云是一种自然现象，有云的自然风光是迷人的。云是由很多小水珠形成的，可以反射大量的散射光，因此有云的画面看上去非常柔和、朦胧，让人产生如痴如醉的视觉感受。下面介绍通过AI生成云彩照片的方法。

**步骤01** 在ChatGPT中输入关键词"你是一个AI画师，请帮我简单写一段描述蓝天白云场景的画面，20字"，ChatGPT的回答如图8-1所示。

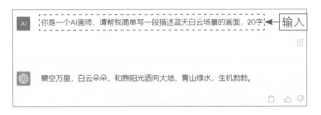

图 8-1　使用 ChatGPT 生成关键词

**步骤02** 在ChatGPT中输入关键词"请翻译为英文"，ChatGPT即可将前面生成的关键词翻译为英文，如图8-2所示。

图 8-2　将关键词翻译成英文

**步骤03** 在Midjourney中通过/imagine指令输入相应的关键词，并在其后面添加一些艺术风格、摄影类型和画面尺寸的关键词，如图8-3所示。

图 8-3　输入相应的关键词

**步骤 04** 按【Enter】键确认，生成相应的图片，效果如图8-4所示。

图 8-4　生成相应的图片

**步骤 05** 单击U3按钮，放大第3张图片，效果如图8-5所示，这张图片采用天空和水面作为背景，能够让云彩主体充满整个画面，有利于突出主体。

图 8-5　大图效果

## 8.2　山景

扫码看教学视频

山景是摄影师最常用的创作题材之一，大自然中的山可以说是千姿百态的，不同时间、不同位置、不同角度的山，可以呈现出不同的视觉效果。我们用AI生成山景照片时，可以充分利用关键词来突出大山的形状特点，展现美不胜收的山景风光。下面介绍通过AI生成山景照片的方法。

**步骤01** 在ChatGPT中输入关键词"你是一个AI画师，请描述大山风景的画面，写5段不同的关键词"，ChatGPT的回答如图8-6所示。

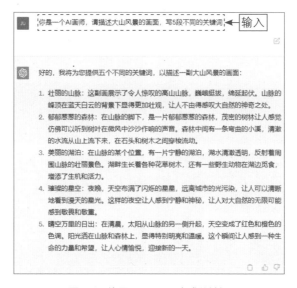

图 8-6　使用 ChatGPT 生成关键词

**步骤02** 在ChatGPT中输入关键词"请翻译为英文"，ChatGPT即可将前面生成的关键词翻译为英文，ChatGPT的回答如图8-7所示。

图 8-7　将关键词翻译成英文

**步骤 03** 选取其中的4段关键词，分别通过Midjourney生成相应的图片，效果如图8-8所示，这里仅在关键词后面添加了尺寸指令。

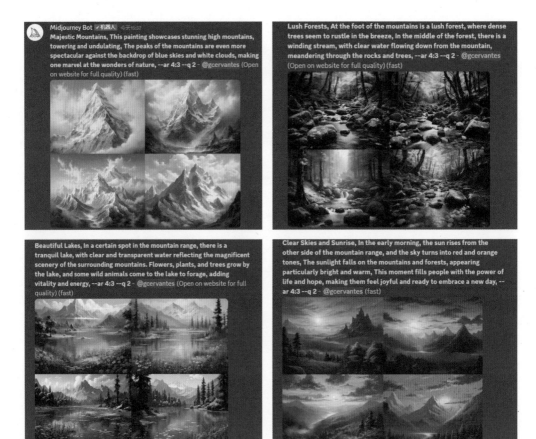

图 8-8　通过 Midjourney 生成相应的图片

从图8-8中可以看到，直接通过ChatGPT + Midjourney的配合，可以快速生成漂亮的AI摄影作品，但放大后可以看到画面的真实感还是有点欠缺的，如图8-9所示。

图 8-9　山景 AI 摄影的大图效果

针对这个不足之处，我们可以添加相应的AI摄影关键词来弥补，让山景照片的画面更加逼真，效果如图8-10所示。

mountain with clouds in the sky, in the style of the vancouver school, gauzy atmospheric landscapes, light amber and pink, national geographic photo, Quixel Megascans Render, 8K Resolution, --ar 4:3

图 8-10　添加 AI 摄影关键词后生成的山景照片效果

## 8.3　水景

在用AI生成江河、湖泊、海水、溪流以及瀑布等水景照片时，画面经常充满变化，我们可以运用不同的构图形式，再融入不同的光影和色彩表现等关键词，赋予画面美感。下面以江河和瀑布为例，介绍水景风光AI摄影作品的创作要点。

### 1. 江河

在江河摄影中，最为突出的画面特点是水流的动态效果，可以通过添加光圈等AI摄影关键词，捕捉不同速度和流量的江河水流的形态，表现出江河水流的宏大和气势。江河摄影中的画面通常会展现出水天相映的美感，水面可以倒映出周围的景色和天空，与天空融为一体，形成一幅美丽的画卷。

另外，光线类关键词也会对江河画面产生重要的影响。例如，使用关键词Golden hour light时，画面的光线柔和而温暖，可以营造出浪漫的氛围，效果如

图8-11所示；而使用关键词dramatic light（强光）时，光线的反射和折射效果会使水面产生独特的光影变化，呈现出璀璨的色彩和绚丽的光影效果。

图 8-11　江河照片效果

## 2．瀑布

瀑布摄影是水景风光摄影最为常见的一种类型，画面特点是水流连绵不断，形成水雾和水汽，有时还会出现彩虹，AI摄影的重点在于展现出瀑布水流的动态效果，如图8-12所示。

图 8-12　瀑布照片效果

另外，在进行AI摄影创作时，也可以展现瀑布落差、水流以及水滴等细节，这种类型的画面通常需要呈现出瀑布细节的纹理和形状，让人感受到瀑布的美妙之处。

## 8.4 花卉

花卉摄影的一个重要原则就是简洁，包括画面构成、色彩分布、明暗对比、光影组合等都要简洁，从而彰显出不平凡的植物花卉效果。例如，加入关键词Back light后，可以突出花朵的立体美感，而且可以让花瓣部分更加通透，展现出美丽的光影效果，如图8-13所示。

图 8-13　逆光下的小花照片效果

再例如，加入关键词侧逆光（Side backlight）生成的菊花照片，可以使花瓣的色彩更加艳丽、影调更加丰富，从而更好地突出画面主体，效果如图8-14所示。

图 8-14　菊花照片效果

再例如，加入关键词直射光（Direct light）生成的郁金香花海照片，增强了画面的表现力，可以给人带来轻松、明快的视觉感受，效果如图8-15所示。

图 8-15　郁金香花海照片效果

## 8.5　日出日落

日出日落、云卷云舒，这些都是非常浪漫、感人的画面，用AI可以生成具有独特美感的日出日落照片。图8-16所示为用AI生成的火烧云照片。火烧云是一种比较奇特的光影现象，通常出现在日落时分，此时云彩的靓丽色彩可以为画面带来活力，同时让天空不再单调，而是变化无穷。

图 8-16　火烧云照片效果

图8-17所示为AI生成的彩霞照片，添加关键词backlight（背光）后，前景中的景物呈现出剪影的效果，可以更好地突出彩霞。

图 8-17　彩霞照片

黄昏时分，太阳呈现出橙黄色的暖色调，此时的光线表现力非常独特，大面积的暖色调可以让画面看上去非常干净、整洁，同时使画面更加紧凑。在黄昏的温暖光线下，为了不让画面太单调，在前景安排了建筑工地上的塔吊，并采用竖画幅构图，更好地体现出塔吊的高度，表现出很强的纵深感，效果如图8-18所示。

图 8-18　黄昏下的塔吊照片效果

图8-19所示为使用AI生成的海边日出照片。日出光线（Sunrise light）：阳光通过海平面形成光线发散的现象；水平线构图（Horizontal line composition）：将水平线放置在画面中央位置，可以表现出画面的开放性；紫色和蓝色（violet and blue）为冷色调，可以营造出宁静、祥和的清晨氛围。

图 8-19　海边日出照片

## 8.6　草原

一望无际的大草原是很多人向往的地方，它拥有非常开阔的视野，以及宽广的空间和辽阔的气势，因此成为大家热衷的摄影创作对象。在用AI生成草原风光照片时，通常采用横画幅构图，具有更加宽广的视野，可以包容更多的元素，能够很好地展现出草原的辽阔。

图8-20所示为使用AI生成的大草原照片——在一片绿草如茵的草地上，有一群牛羊正在吃草，主要色调是天蓝色和白色（sky-blue and white），并经过了色彩增强（colorized）处理，整个画面呈现出一种宁静而壮丽的自然景观，让人感受到大自然的美丽和生机勃勃。

关键词hdr是高动态范围（high dynamic range）的缩写，能够呈现更广泛的亮度范围和更多的细节，使整个画面更加生动、逼真。关键词Zeiss Batis 18mm f/2.8是指蔡司推出的一种超广角定焦镜头，使得照片具有广角视角。

图 8-20　大草原照片

## 8.7　树木

树木摄影的关键在于捕捉树木的独特之处。首先，要选择恰当的构图和角度，以展现树木的形状、纹理和色彩；其次，要选择适当的光线，以增强树木的立体感和细节质感；最后，背景的选择也很重要，可以通过对比或环境元素突出树木的特色，以展现树木的力量、生命力和与环境的关联。

图8-21所示为使用AI生成的沙漠上的枯树照片，采用了腐烂和腐朽的风格（in the style of decay and decayed），呈现出一种寂静、废墟和自然衰败的美感。同时，采用浅褐色和深蓝色（light brown and dark blue）作为主色调，为照片赋予了一种神秘而阴暗的氛围。

图 8-21　沙漠上的枯树照片

## *8.8*　雪景

　　雪景摄影的关键在于捕捉冰雪的纹理和细节，合理利用曝光控制和白平衡突出冷色调，同时选择恰当的构图和光线，以展现雪景的纯净、清冷和神秘。图8-22所示为使用AI生成的雪景风光照片，主要以浅天蓝色和白色（light sky-blue and white）为主色调，营造出清新而宁静的氛围，突出了冬季雪景的纯净和天气的寒冷。

图 8-22　雪景风光照片

## 本章小结

　　本章主要向读者介绍了AI风光摄影的相关题材和案例，包括云彩、山景、水景、花卉、日出日落、草原、树木、雪景等。通过对本章的学习，希望读者能够更好地掌握用AI生成风光照片的方法。

## 课后习题

　　鉴于本章知识的重要性，为了帮助读者更好地掌握所学知识，本节将通过课后习题，帮助读者进行简单的知识回顾和补充。

　　1. 使用ChatGPT + Midjourney生成一张山景照片。

　　2. 使用Midjourney生成一张城市日落照片。

# 第 9 章 建筑摄影：体现韵律美与构图美

**本章要点：**

建筑摄影是以建筑物和结构物体为对象的摄影题材，在用 AI 生成建筑摄影作品时，需要使用合适的关键词将建筑物的结构、空间、光影、形态等元素完美地呈现出来，从而体现出建筑照片的韵律美与构图美。

# 9.1 桥梁

桥梁是一种特殊的建筑摄影题材，它主要强调对桥梁结构、设计和美学的表现。在用AI生成桥梁照片时，不仅需要突出桥梁的线条和结构，还需要强调环境与背景，同时还要注重光影效果，通过关键词的巧妙构思和创意处理，展现桥梁的独特美感和价值。下面通过一个实例，介绍用AI生成桥梁摄影作品的操作方法。

扫码看教学视频

**步骤01** 在Midjourney中输入主体描述关键词"this bridge is red，long（这座桥是红色的，很长）"，生成的图片效果如图9-1所示，此时画面中只有主体对象，背景不够明显。

**步骤02** 添加背景描述关键词"and spanning water，The background is light sky blue（横跨水面，背景是淡天蓝色）"，生成的图片效果如图9-2所示，增加背景元素。

图 9-1　桥梁主体图片效果　　　　　　图 9-2　添加背景描述关键词后的图片效果

★ 专家提醒 ★

桥梁作为一种特殊的建筑类型，其线条和结构非常重要，因此在生成AI照片时需要通过关键词突出其线条和结构的美感。

**步骤03** 添加色彩关键词"strong color contrasts，vibrant color usage，light red and red（强烈的色彩对比，鲜艳的色彩使用，浅红色和红色）"，生成的图片效果

如图9-3所示，让画面的色彩对比更加明显。

**步骤04** 添加光线和艺术风格关键词"luminous quality，danube school（发光质量，多瑙河学派）"，生成的图片效果如图9-4所示，让画面产生一定的光影，并且形成某种艺术风格。

图 9-3　添加色彩关键词后的图片效果　　　图 9-4　添加光线和艺术风格关键词后的图片效果

**步骤05** 添加构图关键词"Profile（侧面）"，并指定画面的比例"--ar 3：2（画布尺寸为3：2）"，生成的图片效果如图9-5所示，让画面从正面转变为侧面，可以形成生动的斜线构图效果。

图 9-5　添加构图关键词后的图片效果

步骤 06 单击U2按钮，放大第2张图片，大图效果如图9-6所示。这张图片的色彩对比非常鲜明，而且具有斜线构图、透视构图和曲线构图等形式，形成了独特的视觉效果。

图 9-6　桥梁摄影作品的大图效果

## 9.2 钟楼

钟楼在古代的主要功能是击钟报时，它是一种具有历史和文化价值的传统建筑物。通过AI生成钟楼照片，可以记录下它的外形和建筑风格，同时也能让观众欣赏到一座城市的历史韵味和建筑艺术，效果如图9-7所示。

图 9-7　钟楼照片

在钟楼照片的关键词中，不仅详细描述了主体的摄影风格、清晰度和颜色，而且还加入了关键词monolithic structures（整体结构），主要用于保持建筑的整体性，从而完整地展现出钟楼建筑的外形特点。

## 9.3 住宅

住宅是人们居住和生活的建筑物，它的外形特点因地域、文化和建筑风格而异，通常包括独立的房屋、公寓楼、别墅或传统民居等类型。通过AI摄影，可以记录下住宅的美丽和独特之处，展现出建筑艺术的魅力。

图9-8所示为使用AI生成的公寓楼照片，在关键词中不仅加入了风格描述，而且还给出了具体的地区，让AI能够生成更加真实的照片效果。

**图9-8　公寓楼照片**

图9-9所示为使用AI生成的别墅照片，别墅是一种豪华、宽敞的独立建筑，除了精心设计的外观，往往占地面积较大，拥有宽敞的室内空间和私人庭院或花园，这些特点都可以写入关键词中。

★ 专家提醒 ★

在用 AI 生成住宅照片时，可以添加合适的角度、构图关键词，突出建筑物的美感和独特之处。同时，还可以添加线条、对称性和反射等关键词，增强建筑照片的视觉效果。

图 9-9　别墅照片

## 9.4　高楼

高楼是指在城市中耸立的高层建筑，通常是以垂直向上的方式建造的，包含多个楼层，不仅提供了居住、工作和商业空间，同时也成为城市的地标和象征，效果如图9-10所示。

图 9-10　高楼照片

在用AI生成高楼照片时，可以考虑使用广角镜头（wide-angle lens）关键词来刻画整个高楼的壮丽，同时还需要注意光线条件，选择不同时间段的光线，如日出、日落（at sunset）或夜晚的灯光，以获得丰富的画面效果。

## 9.5 古镇

古镇是指具有独特历史风貌的古老村落或城镇区域，通常具有古老的街道、建筑、传统工艺和历史遗迹，可以让人们感受到历史的沧桑和变迁，具有极高的观赏价值，效果如图9-11所示。

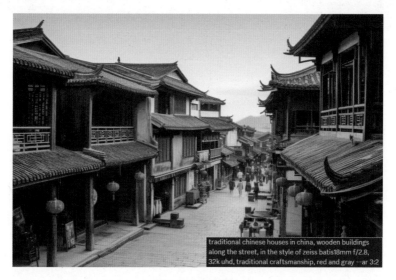

图 9-11　古镇照片

在用AI生成古镇照片时，可以添加木结构建筑（wooden buildings）、青砖灰瓦的民居（residential buildings with blue bricks and gray tiles）、古老的庙宇（ancient temples）等关键词，使画面散发出浓郁的古代氛围。

## 9.6 地标

地标是指具有象征性和代表性的地方或建筑物，常常成为城市或地区的标志性景点。地标可以是大型建筑物（如高楼、摩天轮等）、纪念碑、雕塑、自然景观等，它们代表着特定地区的独特特征，成为人们认知和记忆中的标志性存在。

图9-12所示为使用AI生成的摩天轮照片，添加了航拍（aerial photography）、广角镜头等关键词，可以呈现出更广阔的景象，让观众能够俯瞰整个摩天轮的美景。

图 9-12　摩天轮照片

## 9.7　车站

车站本来是一个供乘客上下车和列车停靠的交通枢纽，如今也成了一张靓丽的"城市名片"。很多城市的车站都具有现代化的建筑风格，并带有标志性的设计元素，如拱形屋顶、玻璃幕墙、宽敞的大厅等，效果如图9-13所示。

图 9-13　车站照片

在用AI生成车站照片时，可以在关键词中运用对角线构图、颜色对比、人物活动等元素，营造出生动、有趣的画面效果。另外，还可以描绘列车进出、人群穿梭的瞬间画面，或者以远景呈现车站整体的规模。

## 9.8 村庄

村庄是指位于农村地区的房屋和建筑物，通常用于居住、农业生产和社区活动。村庄建筑的设计风格常常受到当地的自然环境、气候条件和文化传统的影响。图9-14所示为使用AI生成的村庄照片，关键词中不仅描述了建筑特点，同时还加入了环境元素，展现出浓郁的乡土气息和独特的文化价值。

图 9-14　村庄照片

常见的村庄建筑包括传统的农舍、民居、庙宇、公共广场等，它们可能采用自然材料建造，如木材、石头和泥土，并具有独特的屋顶形式、窗户设计和装饰元素。在AI摄影中，可以在村庄照片中加入一些人文元素，如村民的生活场景、农田的景观等，以呈现真实、生动的画面效果。

## 9.9 建筑群

建筑群是指由多个建筑物组成的集合体，这些建筑物可以有不同的功能、形态和风格，但它们共同存在于某一地区，形成了一个具有整体性和文化特色的建筑景观。

图9-15所示为使用AI生成的建筑群照片，加入了夜间摄影（night photography）和高角度（high-angle）等关键词，呈现出璀璨夺目的建筑群夜景风光。

skyscraper lighting up the sky, captivating harbor views, in the style of dazzling cityscapes, nighttime view of skyline, in the style of grandiose architecture, night photography, high-angle, light indigo and light gold, high resolution --ar 4:3

图 9-15　建筑群照片效果

## 本章小结

本章主要向读者介绍了AI建筑摄影的相关题材和案例，包括桥梁、钟楼、住宅、高楼、古镇、地标、车站、村庄、建筑群等。通过对本章的学习，希望读者能够更好地掌握用AI生成建筑照片的方法。

## 课后习题

鉴于本章知识的重要性，为了帮助读者更好地掌握所学知识，本节将通过课后习题，帮助读者进行简单的知识回顾和补充。

1. 使用Midjourney生成一张桥梁照片。
2. 使用Midjourney生成一张城市高楼照片。

# 第 10 章 商业摄影：吸引目标受众的关注

**本章要点：**

商业摄影是一种以商业目的为导向的摄影，它旨在通过摄影技术和艺术创意，呈现出产品、服务或品牌的独特形象，吸引目标受众的注意力，促进产品销售和市场推广。本章主要介绍商业摄影作品的 AI 绘画技巧。

## 10.1　模特摄影

模特摄影是指拍摄展示服装、化妆品、珠宝、箱包、配饰等产品的模特照片，通过模特的展示来塑造品牌的形象和风格，提升品牌的知名度和美誉度。模特照片通过搭配不同的服装、配饰和化妆品等，为消费者提供穿搭指导和灵感，帮助消费者更好地选择和搭配产品。

扫码看教学视频

下面以服装模特为例，介绍使用AI生成模特照片的操作方法。

**步骤 01** 在Midjourney中通过/imagine指令输入相应的关键词，生成AI模特照片，并放大合适的效果图，如图10-1所示，将其保存到本地。

Full-body shot of a Chinese female model wearing acomfortablesweatshirt, standing in front of a whitebackdrop, portrait photoShot from a low angle using CanonEOS R5 camera with a standardlens to capture the model'sentire outfit and showcase her heightof 170cm --ar 9:16

图 10-1　生成 AI 模特照片并放大其中一张

★ 专家提醒 ★

模特摄影常见于时尚、广告、杂志等领域，比较注重表现模特的个性、气质和形象，以及与背景、服装、妆容等元素的协调搭配，以创造出独特的视觉效果。

**步骤 02** 在Photoshop中，选择"文件"｜"打开"命令，打开一张衣服图片素材，如图10-2所示。

步骤03 在菜单栏中选择"选择"|"主体"命令，即可在衣服上创建一个选区，如图10-3所示，按【Ctrl + C】组合键复制选区内的图像。

创建

图 10-2　打开一张衣服图片素材　　　　图 10-3　在衣服上创建一个选区

步骤04 在Photoshop中，选择"文件"|"打开"命令，打开AI模特照片，如图10-4所示。

步骤05 按【Ctrl + V】组合键，粘贴选区内的图像，按【Ctrl + T】组合键，适当调整衣服图像的大小和位置，如图10-5所示，将其覆盖住要替换模特的衣服位置即可，按【Enter】键确认操作。

调整

图 10-4　打开 AI 模特照片　　　　　图 10-5　调整衣服图像的大小和位置

★ 专家提醒 ★

建议用户选择质量较好的产品白底图进行合成，如果图片质量很差，也会影响合成的效果。

步骤06 将在Photoshop中合成的图片导出到本地后，回到Midjourney中，单击输入框左侧的➕按钮，在弹出的列表中选择"上传文件"选项，如图10-6所示。

步骤07 执行操作后，弹出"打开"对话框，选择前面用Photoshop合成的图片，如图10-7所示。

图 10-6　选择"上传文件"选项

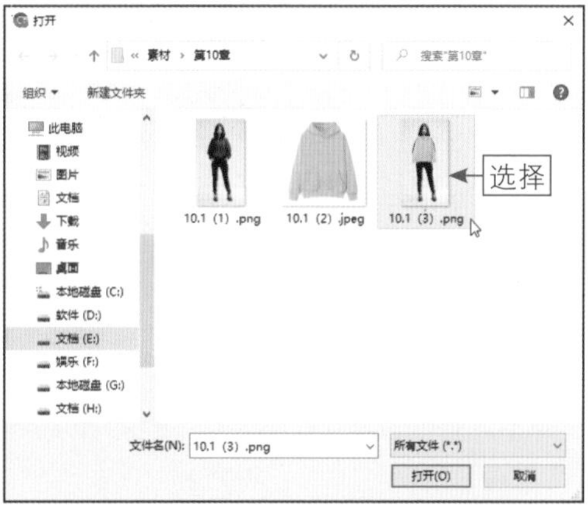

图 10-7　选择用 Photoshop 合成的图片

步骤08 单击"打开"按钮，即可将图片上传到Midjourney的输入框中，如图10-8所示。

步骤09 在图片上单击鼠标右键，在弹出的快捷菜单中选择"复制图片地址"命令，如图10-9所示。

图 10-8　将图片上传到输入框中

图 10-9　选择"复制图片地址"命令

★ 专家提醒 ★

　　用户也可以通过 /describe 指令将合成的图片上传到 Midjourney 服务器中，然后再通过右键快捷菜单来获取图片链接。

步骤10 通过/imagine指令输入图片链接和生成该模特照片时使用的关键词，并在后面添加--iw 2指令，如图10-10所示。

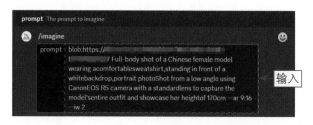

图 10-10　输入相应的图片链接、关键词和指令

步骤11 按【Enter】键确认，即可生成相应的模特效果图，如图10-11所示。

图 10-11　生成相应的模特效果图

## 10.2　广告摄影

　　广告摄影是指为广告目的而拍摄照片，旨在通过摄影的技术手段和创意构图，展示产品、服务或品牌的特点、优势，促进品牌的宣传和产品的销售。

　　广告摄影通常以各种视觉元素和构图手法来传递特定的信息和情感。在使用AI生成广告摄影作品时，需要根据广告需求和品牌形象来添加灯光、角度、颜色等关键词，以创造出与广告目标一致且引人注目的视觉内容。

　　图10-12所示为茶叶广告图，过去制作这种图片效果通常需要使用Photoshop进行后期合成来实现，而且操作起来比较麻烦，如今可以直接通过Midjourney加入各种关键词来完成。

图 10-12　广告摄影效果图

## 10.3　产品摄影

　　产品摄影专注于拍摄产品，展示其外观、特征和细节，以吸引潜在消费者的购买兴趣。在使用AI生成产品照片时，需要利用适当的光线、背景、构图等关键词，突出产品的质感、功能和独特性，效果如图10-13所示。

图 10-13　产品摄影效果图

上图绘制的汽车产品效果图，使用了fujifilmeterna vivid 500t（富士电影卷）、graceful curves（优美的曲线）、dark green（深绿色）等关键词，从镜头、构图和色调等方面突出汽车的线条和质感，以达到更好的视觉效果。

## 10.4 影楼摄影

影楼摄影是指在专门设立的影楼内进行的商业摄影活动，影楼通常提供多样化的拍摄场景、灯光设备和摄影服务，包括人像摄影、家庭摄影、婚纱摄影等。

图10-14所示为使用AI生成的家庭摄影作品，通过主体对象（parents and their son and daughter，父母和他们的儿子和女儿）、服饰（yellow shirts，黄色衬衫）等关键词展现一家四口的人物形象。

图 10-14　家庭摄影作品效果图

## 10.5 时尚摄影

时尚摄影是一种以时尚、服装和美学为主题的摄影，它专注于创作和展示时尚品牌、设计师作品或时尚风格等，效果如图10-15所示。时尚摄影追求创意、艺术性和视觉冲击力，通过运用独特的相机镜头、灯光效果、构图方式等关键词，呈现时尚形象和风格。

★ 专家提醒 ★

需要注意的是，Midjourney 生成的字母是非常不规范甚至不可用的，这个没有关系，用户可以在后期选定相应的图片，使用 Photoshop 进行修改。

另外，使用 Midjourney 设计电商广告时，效果图的随机性很强，用户需要通过不断地修改关键词和"刷图"（即反复生成图片），来达到自己想要的效果。

图 10-15　时尚摄影效果图

## 10.6　活动摄影

活动摄影用来记录各类会议、展览、庆典、演出、体育赛事等商业活动，记录和捕捉活动的精彩瞬间，展示活动的氛围、情感和重要时刻。图10-16所示为使用AI生成的会议活动照片。

图 10-16　会议活动照片

活动摄影需要准确使用光线、角度和构图等关键词，还需要注重场景和背景的描述，让AI绘制出最具表现力的瞬间画面，以突出活动的氛围、乐趣和重要性。

## 10.7 食品摄影

食品摄影专注于拍摄各种美食和饮品，以展示其诱人的外观和口感，常用于餐厅、食品品牌等宣传。图10-17所示为使用AI生成的蛋糕照片，使用色调、光线和风格等关键词，绘制出食物的诱人外观和口感，以吸引观众的注意力，并刺激他们的食欲。

a two tier birthday cake with two candles next to a juice glass, bread, and a vase of flowers, in the style of frequent use of yellow, luminous color harmonies, associated press photo, ivory, high resolution, spectacular show of ages, delicate coloring --ar 4:3

图 10-17　蛋糕照片

另外，用户也可以添加一些场景、灯光和道具关键词，来突出食物的质感、颜色和纹理。同时，用户还可以添加食物的摆放和构图等关键词，以展现食物的美感和层次感。

## 10.8 商业旅游摄影

商业旅游摄影的目的是通过精美的照片来宣传和推广旅游目的地、旅游产品或旅游服务，吸引游客的兴趣。商业旅游摄影通常拍摄景点、酒店、度假村、旅行活动等，以展示其吸引力、设施、服务和体验。

图10-18所示为使用AI生成的景点宣传海报，关键词主要描述了主体内容、背景环境和风格特色，再通过后期添加一些广告文字，创造出了令人难忘的视觉效果，为商业旅游行业提供了有吸引力的宣传素材。

图 10-18　景点宣传海报

## 本章小结

本章主要向读者介绍了AI商业摄影的相关题材和案例，包括模特摄影、广告摄影、产品摄影、影楼摄影、时尚摄影、活动摄影、食品摄影、商业旅游摄影等。通过对本章的学习，希望读者能够更好地掌握用AI生成商业摄影作品的方法。

## 课后习题

鉴于本章知识的重要性，为了帮助读者更好地掌握所学知识，本节将通过课后习题，帮助读者进行简单的知识回顾和补充。

1. 使用Midjourney生成一张女装模特照片。

2. 使用Midjourney生成一张休闲零食照片。

# 第 11 章　动物摄影：动物王国的精彩瞬间

**本章要点：**

　　在广阔的大自然中，动物们以独特的姿态展示着它们的魅力，动物摄影捕捉到了这些瞬间，让我们近距离感受到自然和生命的奇妙。本章主要介绍通过 AI 生成动物摄影作品的方法和案例，让大家感受到"动物王国"的精彩瞬间。

## 11.1 鸟类

在传统摄影中，如果要成功拍摄出令人惊叹的鸟类照片，需要用户具备一定的摄影技巧和专注力，但在AI摄影中，我们只要用好关键词，即可轻松生成精美的鸟类摄影作品。

扫码看教学视频

下面介绍用AI生成鸟类摄影作品的方法。

**步骤01** 在Midjourney中通过/imagine指令输入主体描述关键词，如"colorful bird sitting on branch of grass（五颜六色的鸟坐在树枝上）"，如图11-1所示。

图 11-1 输入主体描述关键词

**步骤02** 按【Enter】键确认，生成相应的画面主体，效果如图11-2所示，可以看到整体风格偏插画，不够写实。

**步骤03** 添加关键词"in the style of photo-realistic techniques（在照片逼真技术的风格中）"后生成的图片效果，如图11-3所示，让画面偏现实主义风格。

图 11-2 主体效果

图 11-3 微调风格后的效果

**步骤04** 添加关键词"in the style of dark emerald and light amber（深色祖母绿和浅琥珀色）"后生成的图片效果，如图11-4所示，指定画面的主体色调。

**步骤05** 添加关键词"soft yet vibrant（柔软而充满活力）"后生成的图片效果，如图11-5所示，指定画面的影调氛围。

图 11-4　微调色调后的效果

图 11-5　微调影调后的效果

**步骤06** 添加关键词"birds & flowers，minimalist backgrounds（鸟和花，极简主义背景）"后生成的图片效果，如图11-6所示，微调画面的背景环境。

**步骤07** 添加关键词"emotional imagery（情感意象）"后生成的图片效果，如图11-7所示，唤起特定的情感。

图 11-6　微调背景环境的效果

图 11-7　唤起特定情感的效果

步骤 **08** 添加关键词"Ultra HD Picture --ar 8∶5（超高清画面）"后生成的图片效果，如图11-8所示，调整画面的清晰度和比例。

步骤 **09** 单击U3按钮，以第3张图为模板，生成相应的大图，效果如图11-9所示，进行更精细的刻画。

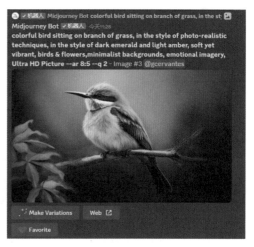

图 11-8 调整清晰度和比例的效果　　　　　　图 11-9 大图效果

图11-10所示为最终的鸟类摄影效果图，通过清晰、细节丰富的图像，更好地展现鸟类的特点，以增强视觉冲击力。

图 11-10 鸟类摄影效果图

## 11.2 哺乳动物

哺乳动物是一类具有特征性哺乳腺、产仔哺育和恒温的脊椎动物，包括大象、狮子、熊、海豚、猴子和人类等多样的物种。在用AI生成哺乳动物照片时，需要了解它们的行为习性和栖息地，以获得真实的画面效果。

图11-11所示为一张用AI生成的狮子照片。狮子通常生活在大草原，因此添加了关键词"plain with brush and grass（有灌木丛和草地的平原）"，能够更好地展现出狮子的生活习性。

图 11-11　用 AI 生成的狮子照片

图11-12所示为一张用AI生成的海豚照片。海豚喜欢在海面上跳跃，因此添加了关键词"jumping off in water（在水中跳跃）"，能够展示出海豚灵巧的身姿。

图 11-12　用 AI 生成的海豚照片

## 11.3　爬行动物

爬行动物是一类冷血脊椎动物，包括蜥蜴、蛇、鳄鱼和龟鳖等物种，它们的身体通常被鳞片覆盖，能够适应不同的环境，有些甚至能变换肤色。

图11-13所示为一张用AI生成的鳄鱼照片，鳄鱼最明显的特点就是长而尖的嘴，内侧有锋利的牙齿，因此添加了关键词"dynamic and exaggerated facial expressions（动态夸张的面部表情）""in the style of distinct facial featuresdark（具有明显的面部特征）"，着重呈现其面部的特写。

图 11-13　用 AI 生成的鳄鱼照片

## 11.4　鱼类

鱼类是一类生活在水中的脊椎动物，它们的身体通常呈流线型，覆盖着鳞片。鱼类栖息在各种水域，它们的形态、行为和习性因物种而异，形成了丰富多样的鱼类生态系统。

图11-14所示为一张用AI生成的金鱼照片，金鱼的颜色和花纹通常都比较华丽，因此添加了关键词"in the style of light pink and dark orange（颜色和图案有浅粉色和深橙色）""bold colors and patterns（大胆的颜色和图案）""dappled（有斑点）""light gold and brown（有浅金色和棕色）"，增加了金鱼的美感。

图 11-14　用 AI 生成的金鱼照片

除了用AI绘制单一的鱼类，我们还可以用AI模拟出水下世界的场景，将各种鱼类畅游的画面绘制出来，可以展现鱼类的美丽色彩、优雅的游动姿态和迷人的生态环境，效果如图11-15所示。

图 11-15　用 AI 生成的水下世界照片

## 11.5 昆虫

昆虫是一类无脊椎动物，它们种类繁多、形态各异，包括蝴蝶、蜜蜂、甲虫、蚂蚁等。昆虫通常具有独特的身体形状、多彩的体色，以及各种触角、翅膀等特征，这使得昆虫成了生物界的艺术品。

图11-16所示为一张用AI生成的蝴蝶照片。由于蝴蝶的颜色通常都非常丰富，因此在关键词中加入了大量的色彩描述词，呈现出令人惊叹的视觉效果。

图 11-16　用 AI 生成的蝴蝶照片

图11-17所示为一张用AI生成的蚂蚁照片。蚂蚁的身体非常微小，因此在关键词中加入了大光圈和微距镜头等描述词，展现出了大自然中神奇的微距世界。

图 11-17　用 AI 生成的蚂蚁照片

## 11.6 宠物

宠物是人类驯养和喜爱的动物伴侣，它们种类繁多、外貌各异。有些宠物具有可爱的外表，如小型犬、猫咪、兔子、仓鼠等；而有些宠物可能具有独特的外貌，如蜥蜴、鹦鹉等。

图11-18所示为一张用AI生成的小狗照片，在关键词中描述了小狗的颜色、表情和性格特征，同时对背景环境进行了说明，并采用浅景深有效地突出了画面主体，给人一种温暖和舒适的视觉感受。

a small brown and white husky puppy running on a green grassy field, in the style of smilecore, Shallow Depth of Field, gray and beige, playfully intricate, fujifilm eterna 500t, lighthearted --ar 3:4

图 11-18　用 AI 生成的小狗照片

图11-19所示为一张用AI生成的兔子照片，在关键词中不仅描述了主体的特点，同时添加了晕影（dark corner，blurred）、特写（close-up）等关键词，将背景进行模糊处理，从而突出温柔和机灵的兔子主体。

图 11-19　用 AI 生成的兔子照片

## 本章小结

本章主要向读者介绍了AI动物摄影的相关题材和案例，包括鸟类、哺乳动物、爬行动物、鱼类、昆虫、宠物等。通过对本章的学习，希望读者能够更好地掌握用AI生成动物摄影作品的方法。

## 课后习题

鉴于本章知识的重要性，为了帮助读者更好地掌握所学知识，本节将通过课后习题，帮助读者进行简单的知识回顾和补充。

1. 使用Midjourney生成一张大象照片。

2. 使用Midjourney生成一张小猫照片。

# 第 12 章 人文摄影：突出叙事性与故事感

**本章要点：**

在当今数字化时代的冲击下，人文摄影以其独特的视角和纪实的力量，成为让观众与被摄对象建立起深刻情感联系的桥梁。本章主要介绍通过 AI 生成人文摄影作品的方法和案例，帮助大家更好地突出照片的叙事性与故事感。

## *12.1* 公园

扫码看教学视频

公园是一种常见的人文景观，它不仅仅是一个自然环境的集合，还是人类文化和社会活动的产物。许多公园中设置了雕塑、艺术装置、人文建筑等文化和艺术元素，以供人们欣赏。

在通过Midjourney绘制人文摄影作品时，我们可以使用/prefer option set（首选项设置）指令，将一些常用的关键词保存在一个标签中，这样每次绘画时就不用重复输入一些相同的关键词。下面以公园照片为例，介绍具体的AI绘画操作方法。

步骤01 在Midjourney下面的输入框内输入/，在弹出的列表中选择/prefer option set指令，如图12-1所示。

步骤02 执行操作后，在option（选项）文本框中输入相应的名称，如rwsy，如图12-2所示。

图 12-1　选择 /prefer option set 指令

图 12-2　输入相应的名称

步骤03 执行操作后，单击"增加1"按钮，在上方的"选项"列表中选择value（参数值）选项，如图12-3所示。

图 12-3　选择 value 选项

155

**步骤 04** 执行操作后，在value文本框中输入相应的关键词，如图12-4所示。这里的关键词就是我们要添加的一些固定的指令。

图 12-4　输入相应的关键词

**步骤 05** 按【Enter】键确认，即可将上述关键词储存到Midjourney的服务器中，如图12-5所示，从而给这些关键词打上一个统一的标签，标签名称就是rwsy。

图 12-5　储存关键词

**步骤 06** 在Midjourney中通过/imagine指令输入相应的关键词，主要用于描述主体，如图12-6所示。

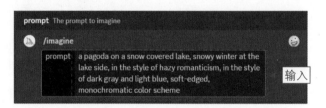

图 12-6　输入描述主体的关键词

**步骤 07** 在关键词的后面添加一个空格，并输入--rwsy指令，即调用rwsy标签，如图12-7所示。

图 12-7　输入 --rwsy 指令

步骤08 按【Enter】键确认，即可生成相应的公园照片，效果如图12-8所示。可以看到，Midjourney在绘画时会自动添加rwsy标签中的关键词。

步骤09 单击U2按钮，放大第2张图片，效果如图12-9所示。

图 12-8　生成相应的公园照片　　　　　　图 12-9　放大第 2 张图片

图12-10所示为公园照片的大图效果，主要利用公园中的自然元素和景观进行AI绘画，呈现出丰富多样的美感，从而激发观众的情感和给他们带来视觉享受。

图 12-10　公园照片的大图效果

## 12.2 街头

街头是观察城市生活和人们互动的理想场所，我们可以在繁华的市中心、狭窄的巷道或人流密集的地方捕捉到各种有趣的瞬间。

图12-11所示为一张用AI生成的老巷子照片，以浅黑色和红色（light black and red）为主要色调，让整个场景充满了乡土风情和怀旧氛围，很容易唤起观众对历史和人文的思考和感慨。

图 12-11　用 AI 生成的老巷子照片

图12-12所示为一张用AI生成的街头人流照片，各种人物穿梭其中，形成一幅快速流动的画面，展现出了熙熙攘攘的城市生活和繁忙的都市节奏。

图 12-12　用 AI 生成的街头人流照片

在用AI绘制街头照片时，我们可以从流动的人群、变化的光影和丰富的城市元素入手，营造出生动而充满活力的画面效果，引发观众的思考和共鸣。

## 12.3　校园

校园通常包括教学楼、操场、图书馆、校园花园以及学校中的其他建筑等，它是学生学习、成长和社交的场所，也是传承知识和交流文化的中心。

图12-13所示为一张用AI生成的校园照片，描述了学生在校园中看书的场景，展现出了一个静谧、美丽的校园角落，并让人感受到学习、成长和知识的力量。

图 12-13　用 AI 生成的校园照片

对于这种户外的校园场景，可以添加一些光影关键词，如golden light（金色的灯光），创造出温暖、宁静或活力四射的视觉氛围，以展现校园的多样性和特色。

## 12.4　菜市场

菜市场是一个充满生活气息和人情味的地方，是人们购买食物和日常生活用品的场所。在菜市场，人们可以感受到浓厚的民俗文化和市井生活的韵味。

图12-14所示为一张用AI生成的菜市场照片，选择的是局部取景的方式，重点描述一个卖菜的老人，同时她的摊位上摆满了各种新鲜的蔬菜和水果，突出了主体和细节，展示了菜市场的独特魅力。

图 12-14　用 AI 生成的菜市场照片

## 12.5　手工艺人

手工艺人通过自己的双手和创造力做出独特的手工艺品，他们非常注重细节和工艺，并通过手工艺品传递着独特的文化价值和情感。图12-15所示为一张用AI生成的手工艺人照片。

图 12-15　用 AI 生成的手工艺人照片

这张照片展现了一个手工作坊的场景，画面中的手工艺人正在专注而投入地工作着，整个画面散发出一种质朴而纯粹的氛围，很好地呈现出手工艺人的创作精神和独特的人文价值。

## 12.6　茶馆

茶馆是一个传统的社交场所，以供人们品茶、聊天、休憩。在茶馆里，人们可以体验到传统文化的氛围，感受到浓浓的人情味。

图12-16所示为一张用AI生成的茶馆照片，老旧的茶桌上摆放着各种茶具，展现了一个安静而温馨的场景，充满了浓厚的传统氛围。

图 12-16　用 AI 生成的茶馆照片

图12-16通过关键词in the style of film noir aesthetic（黑色电影美学风格）呈现出暗角效果，有利于突出茶具的质感和颜色，并营造出一种古朴而雅致的氛围。

## 12.7　农活

农活是指农田里的农业劳动活动，包括耕种、播种、收割、田间管理等各种农事工作。农活是农民生活的重要组成部分，也是农村社会的重要场景。

图12-17所示为一张用AI生成的农活照片，采用剪影的方式呈现出模糊的人物轮廓，周围的景物在反光中显得暗淡，与明亮的水面和天空形成了强烈的对比。

图 12-17　用 AI 生成的农活照片

## 12.8　传统习俗

传统习俗是指在特定的文化和社会背景下代代相传的风俗习惯，通常反映了一个群体的历史、信仰、价值观和生活方式，包括民俗活动、传统节日、民族服饰和特色美食等。图12-18所示为一张用AI生成的民族服饰照片，通过将传统服饰与当地的特色建筑融合在一起，让观众感受到不同传统习俗的魅力和个性。

图 12-18　用 AI 生成的民族服饰照片

　　图12-18的关键词中加入了乡村核心（villagecore）的背景描述词，能够更好地显示出传统生活的真实性和深厚的文化根基。同时，整个场景让人产生一种想要亲自去旅行、探索当地文化的冲动。

　　图12-19所示为一张用AI生成的特色美食照片，采用hurufiyya（胡鲁菲亚）风格营造出一种艺术感和纹理感，并通过模拟32K（真实分辨率为30720像素×17820像素）超高清分辨率，展现出细致的画面细节和较高的清晰度。

图 12-19　用 AI 生成的特色美食照片

## 本章小结

　　本章主要向读者介绍了AI人文摄影的相关题材和案例，包括公园、街头、校园、菜市场、手工艺人、茶馆、农活、传统习俗等。通过对本章的学习，希望读者能够更好地掌握用AI生成人文摄影照片的方法。

## 课后习题

　　鉴于本章知识的重要性，为了帮助读者更好地掌握所学知识，本节将通过课后习题，帮助读者进行简单的知识回顾和补充。

　　1. 使用Midjourney生成一张街头场景的人文摄影照片。

　　2. 使用Midjourney生成一张手工艺人的人文摄影照片。

# 【PS 修图篇】

## 第 13 章　修图调色：获得更完美的照片

**本章要点：**

　　使用 AI 绘图工具生成的照片通常或多或少会存在一些瑕疵，此时我们可以使用 Photoshop（简称 PS）对其进行后期处理，包括修图和调色等操作，从而使 AI 摄影作品变得更加完美。

# **13.1** AI摄影作品的修图操作

AI摄影作品如果出现构图混乱、有污点、曝光不正常以及画面模糊等问题，可以使用相应的PS工具或命令进行处理。本节将介绍一些常见的PS修图操作。

## 13.1.1 对照片进行二次构图

扫码看教学视频

在用AI生成照片时，用户可以通过添加一些拍摄角度和构图方式的关键词，体现照片的意境。当然，用户也可以通过Photoshop二次构图达到预想效果，以独特的画面表现自己想要表达的意境。

下面介绍对AI照片进行二次构图处理的具体操作。

[步骤01] 选择"文件"|"打开"命令，打开一张AI照片素材，如图13-1所示。

[步骤02] 选取工具箱中的"裁剪工具" 口.，在工具属性栏中设置剪裁比例为4∶3，如图13-2所示。

图 13-1 打开一张 AI 照片素材

图 13-2 设置剪裁比例

★ 专家提醒 ★

Photoshop 的"裁剪工具"口.可以帮助用户轻松地裁剪照片，去除不需要的部分，以达到最佳的视觉效果。"裁剪工具"口.可以很好地控制照片的大小和比例，同时也可以对照片进行视觉剪裁，让画面更具美感。在"裁剪工具"属性栏的"比例"文本框中输入相应的比例，裁剪后照片的尺寸由输入的数值决定，与裁剪区域大小没有关系。

[步骤03] 在图像编辑窗口中调整裁剪框的位置，使画面中的水平线位于下三分线位置，如图13-3所示。

[步骤04] 执行操作后，按【Enter】键确认，即可裁剪图像，形成下三分线构图，效果如图13-4所示。

图 13-3 调整裁剪框的位置　　　　　　　　　　图 13-4 下三分线构图效果

## 13.1.2 清除照片中的杂物

扫码看教学视频

AI照片中经常会出现一些多余的人物或妨碍照片美感的物体，通过一些简单的PS操作即可去除这些多余的杂物。下面介绍使用Photoshop清除AI照片中的杂物的方法。

**步骤01** 选择"文件"|"打开"命令，打开一张AI照片素材，如图13-5所示。

**步骤02** 选取工具箱中的"污点修复画笔工具" ，在工具属性栏中单击"近似匹配"按钮，如图13-6所示。

图 13-5 打开一张 AI 照片素材　　　　　　　图 13-6 单击"近似匹配"按钮

★ 专家提醒 ★

在"污点修复画笔工具"的属性栏中，各主要选项的含义如下。

（1）模式：在该下拉列表中可以设置修复图像与目标图像之间的混合方式。

（2）内容识别：在修复图像时，将根据图像内容识别像素并自动填充。

（3）创建纹理：在修复图像时，将根据当前图像周围的纹理自动创建一个相似的纹理，从而在修复瑕疵的同时保证不改变原图像的纹理。

（4）近似匹配：在修复图像时，将根据当前图像周围的像素来修复瑕疵。

**步骤03** 将鼠标指针移至图像编辑窗口中，在相应的杂物上按住鼠标左键拖曳，涂抹区域呈黑色显示，如图13-7所示。

**步骤04** 释放鼠标左键，即可去除涂抹部分的杂物，效果如图13-8所示。

图 13-7　涂抹区域呈黑色显示

图 13-8　去除杂物的效果

### 13.1.3　校正镜头产生的问题

扫码看教学视频

Photoshop中的"镜头校正"滤镜可以用于对失真或倾斜的AI照片进行校正，还可以调整扭曲、色差、晕影和变换等参数，使照片恢复至正常状态。下面介绍使用Photoshop校正AI照片镜头问题的方法。

**步骤01** 选择"文件"|"打开"命令，打开一张AI照片素材，如图13-9所示。

**步骤02** 选择"滤镜"|"镜头校正"命令，弹出"镜头校正"对话框，如图13-10所示。

图 13-9　打开一张 AI 照片素材

图 13-10　"镜头校正"对话框

**步骤03** 单击"自定"标签，切换至"自定"选项卡，在"晕影"选项区中设置"数量"为100，如图13-11所示，即可让照片的四周变得更亮一些。

步骤 04 单击"确定"按钮，即可校正镜头晕影，效果如图13-12所示。

图 13-11 设置参数值

图 13-12 校正镜头晕影的效果

## 13.1.4 校正照片的曝光

曝光是指被摄物体发出或反射的光线，通过相机镜头投射到感光器上，使之发生化学变化，产生显影的过程。一张AI照片的好坏，说到底就是影调分布是否足够体现光线的美感，以及曝光是否表现得恰到好处。在Photoshop中，可以通过"曝光度"命令来调整AI照片的曝光度，使画面曝光达到正常，具体操作如下。

扫码看教学视频

步骤 01 选择"文件"|"打开"命令，打开一张AI照片素材，如图13-13所示。

步骤 02 在菜单栏中选择"图像"|"调整"|"曝光度"命令，如图13-14所示。

图 13-13 打开一张 AI 照片素材

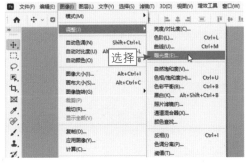

图 13-14 选择"曝光度"命令

步骤 03 执行操作后，弹出"曝光度"对话框，设置"曝光度"为2.28，如图

13-15所示。"曝光度"的默认值为0，往左调为降低亮度，往右调为提高亮度。

步骤 04 单击"确定"按钮，即可提高画面的曝光度，让画面变得更加明亮，效果如图13-16所示。

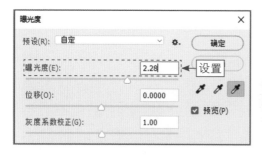

图 13-15　设置"曝光度"参数

图 13-16　提高画面曝光度的效果

## 13.1.5　锐化照片让画面更清晰

扫码看教学视频

Photoshop的锐化功能非常强大，能够快速将模糊的照片变清晰。例如，使用"智能锐化"滤镜可以设置锐化算法，或者控制在阴影和高光区域中的锐化量，而且能避免色晕等问题，起到使画面细节清晰起来的作用。

本案例选用的是一张大场景的AI照片素材，对于这种场景画面宏大的照片或有虚焦的照片，还有因轻微晃动造成拍虚的照片，在后期处理时都可以使用"智能锐化"滤镜来提高清晰度，找回图像细节，具体操作如下。

步骤 01 选择"文件"|"打开"命令，打开一张AI照片素材，如图13-17所示。

步骤 02 在"图层"面板中，按【Ctrl+J】组合键，复制"背景"图层，得到"图层1"图层，如图13-18所示。

图 13-17　打开一张 AI 照片素材

图 13-18　复制"背景"图层

步骤 03 在"图层1"图层上单击鼠标右键，在弹出的快捷菜单中选择"转换为智能对象"命令，如图13-19所示，将该图层转换为智能对象。

步骤 04 在菜单栏中选择"滤镜"|"锐化"|"智能锐化"命令，弹出"智能锐化"对话框，设置"数量"（控制锐化程度）为500%、"半径"（设置应用锐化效果的范围）为2.0像素、"减少杂色"（减少画面中的噪点）为10%，如图13-20所示，增加图像细节和提高画面清晰度。

图 13-19　选择"转换为智能对象"选项

图 13-20　设置相应的参数

步骤 05 执行操作后，单击"确定"按钮，即可生成一个对应的"智能滤镜"图层，同时照片的画面也会变得更加清晰，最终效果如图13-21所示。

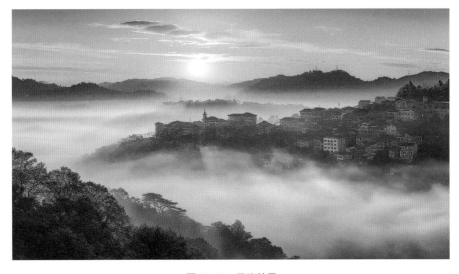

图 13-21　最终效果

171

## 13.2 AI摄影作品的调色处理

利用颜色对比，可以使照片看起来更加绚丽，使毫无生气的照片充满活力，同时激发人的感情。对AI照片进行基本修图处理后，用户还可以根据自身的需要对照片中的某些色彩进行处理，或者匹配其他喜欢的颜色，使AI照片更加具有个人的色彩基调。

### 13.2.1 使用白平衡校正偏色

扫码看教学视频

在Photoshop的Camera Raw插件中，可以调整照片的白平衡，以反映照片所处的光照条件，如日光、白炽灯或闪光灯等。用户不仅可以选择白平衡预设选项，还可以通过Camera Raw插件的白平衡选择器单击希望指定为中性色的照片区域，Camera Raw会调整白平衡设置，用户还可以通过修改参数对其进行微调。

另外，如果使用AI生成的照片出现偏色的问题，也可以在后期通过Photoshop来校正照片的白平衡，具体操作如下。

步骤01 选择"文件"|"打开"命令，打开一张AI照片素材，如图13-22所示。

步骤02 选择"滤镜"|"Camera Raw滤镜"命令，弹出Camera Raw对话框，如图13-23所示。

图 13-22 打开一张 AI 照片素材

图 13-23 Camera Raw 对话框

步骤03 展开"基本"面板，单击"白平衡"选项右侧的下拉按钮 ，在弹出的下拉列表中选择"自动"选项，自动调整错误的白平衡设置，恢复自然的白平衡效果，如图13-24所示。

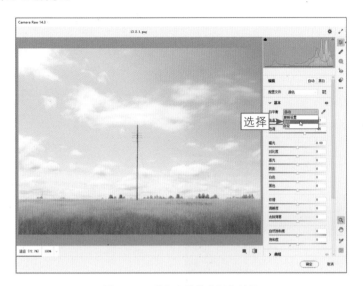

图 13-24　恢复自然的白平衡效果

步骤04 设置"对比度"为15、"清晰度"为29、"自然饱和度"为19、"饱和度"为28，单击"确定"按钮，增强画面的明暗对比，得到更清晰的画面效果，如图13-25所示。

图 13-25　最终效果

★ 专家提醒 ★

如果用户在调整色温和色调之后，发现阴影区域中存在绿色或洋红偏色，则可以尝试调整"相机校准"面板中的"阴影色调"滑块将其消除。

## 13.2.2　使用照片滤镜校正偏色

使用"照片滤镜"命令可以模仿在镜头前面加彩色滤镜的效果，以便调整通过镜头传输的色彩平衡和色温。"照片滤镜"命令还允许用户选择预设的颜色，以便为AI照片应用色相调整，具体操作如下。

扫码看教学视频

**步骤01** 选择"文件"|"打开"命令，打开一张AI照片素材，如图13-26所示。

**步骤02** 在菜单栏中选择"图像"|"调整"|"照片滤镜"命令，如图13-27所示。

图 13-26　打开一张 AI 照片素材　　　　　图 13-27　选择"照片滤镜"命令

**步骤03** 执行操作后，即可弹出"照片滤镜"对话框，选中"滤镜"单选按钮，在下拉列表中选择Cooling Filter（LBB）选项，如图13-28所示。

**步骤04** 设置"密度"为28%，调整滤镜效果的应用程度，单击"确定"按钮，即可过滤图像色调，让画面更偏冷色调，最终效果如图13-29所示。

图 13-28　选择 Cooling Filter（LBB）选项　　　　图 13-29　最终效果

★ 专家提醒 ★

"照片滤镜"对话框中各主要选项的含义如下。

（1）滤镜：包含多种预设选项，用户可以根据需要选择合适的选项，对图像进行调整。其中，Cooling Filter 指冷却滤镜，LBB 指冷色调，能够使画面的颜色变得更蓝，以便补偿色温较低的环境光。

（2）颜色：单击该色块，在弹出的"拾色器"对话框中可以自定义一种颜色作为图像的色调。

（3）密度：用于调整应用于图像的颜色数量。

（4）保留明度：选中该复选框，在调整颜色的同时保持原图像的亮度。

## 13.2.3　使用色彩平衡校色

应用"色彩平衡"命令是对照片进行后期处理的一个重要步骤，可以校正画面偏色的问题，以及色彩过饱和或饱和度不足的情况，用户也可以根据自己的喜好和制作需要，调制需要的色彩，更好地完成画面效果。

扫码看教学视频

在Photoshop中，按【Ctrl+B】组合键，可以快速弹出"色彩平衡"对话框。"色彩平衡"命令通过增加或减少处于高光、中间调及阴影区域中的特定颜色，改变画面的整体色调。

例如，本案例中的AI照片画面整体色调偏黄，可以看到照片中绿色的小草和树叶部分都蒙着一层黄色的感觉，因此在后期通过"色彩平衡"命令来加深照片中的绿色部分，恢复画面色彩，具体操作如下。

步骤01 选择"文件"|"打开"命令，打开一张AI照片素材，如图13-30所示。

步骤02 在菜单栏中选择"图像"|"调整"|"色彩平衡"命令，弹出"色彩平衡"对话框，设置"色阶"参数分别为-35、80、60，如图13-31所示，增加画面中的青色、绿色和蓝色。

图 13-30　打开一张 AI 照片素材

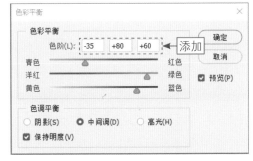

图 13-31　设置"色阶"参数

**步骤 03** 单击"确定"按钮，修复图像偏色的问题，最终效果如图13-32所示。

图 13-32　最终效果

### 13.2.4　提高整体色彩饱和度

扫码看教学视频

饱和度（Chroma，简写为C，又称为彩度）是指颜色的强度或纯度，它表示色相中颜色本身色素分量所占的比例，使用从0～100%的百分比来度量。在标准色轮上，饱和度从中心到边缘逐渐递增，颜色的饱和度越高，其鲜艳程度也就越高；反之，颜色则因包含其他颜色而显得陈旧或混浊。

不同饱和度的颜色会给人带来不同的视觉感受，高饱和度的颜色给人以积极、冲动、活泼、有生气、喜庆的感觉；低饱和度的颜色给人以消极、无力、安静、沉稳、厚重的感觉。在Photoshop中，使用"自然饱和度"命令可以调整整个画面或单个颜色分量的饱和度和亮度值，具体操作如下。

**步骤 01** 选择"文件"|"打开"命令，打开一张AI照片素材，如图13-33所示。

**步骤 02** 在菜单栏中选择"图像"|"调整"|"自然饱和度"命令，弹出"自然饱和度"对话框，设置"自然饱和度"为100、"饱和度"为60，如图13-34所示。

**步骤 03** 单击"确定"按钮，即可提高整体画面的色彩饱和度，最终效果如图13-35所示。

图 13-33　打开一张 AI 照片素材

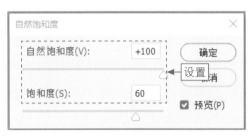

图 13-34　设置相应的参数

图 13-35　最终效果

★ 专 家 提 醒 ★

简单地说，"自然饱和度"选项和"饱和度"选项，两者最大的区别为："自然饱和度"
选项只提高未达到饱和的颜色的浓度；"饱和度"选项则会提高整个图像的色彩浓度，
可能会导致画面颜色过于饱和的问题，而"自然饱和度"选项不会出现这种问题。

## 13.2.5　调整照片的色相

每种颜色的固有颜色表相叫作色相（Hue，简写为H），它是一种颜
色区别于另一种颜色最显著的特征。通常情况下，颜色的名称就是根据
其色相来决定的，如红色、橙色、蓝色、黄色、绿色等。

扫码看教学视频

在Photoshop中，使用"色相/饱和度"命令可以调整整个画面或单个颜色分量的色相、饱和度和亮度值，还可以同步调整照片中所有的颜色。

本案例是一张花朵特写的AI照片，画面的整体色相偏黄，在后期处理中运用"色相/饱和度"命令来降低画面的"色相"参数，并提高"饱和度"参数，增加画面中的橙色部分，使花朵色彩更加真实，具体操作如下。

**步骤01** 选择"文件"|"打开"命令，打开一张AI照片素材，如图13-36所示。

图 13-36　打开一张 AI 照片素材

**步骤02** 选择"图像"|"调整"|"色相/饱和度"命令，如图13-37所示。

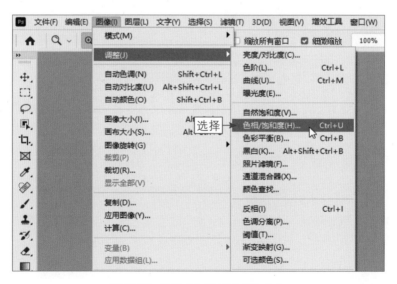

图 13-37　选择"色相 / 饱和度"命令

★ 专家提醒 ★

色相是色彩的最大特征，所谓色相是指能够比较确切地表示某种颜色色别（即色调）的名称，是各种颜色最直接的区别，同样也是不同波长的色光被感觉的结果。

**步骤 03** 执行操作后，即可弹出"色相/饱和度"对话框，设置"色相"为-18、"饱和度"为15，如图13-38所示，让色相偏橙色，并稍微提高饱和度。

**步骤 04** 单击"确定"按钮，即可调整照片的色相，让黄色的花朵变成橙色，最终效果如图13-39所示。

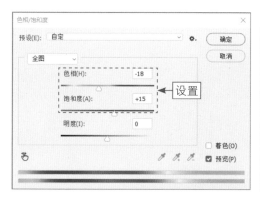

图 13-38　设置相应的参数

图 13-39　最终效果

## 本章小结

本章主要向读者介绍了修图调色的相关基础知识，包括使用Photoshop对AI摄影作品进行修图和调色处理，如对照片进行二次构图、清除照片中的杂物、校正镜头产生的问题、校正照片的曝光、锐化照片让画面更清晰、使用白平衡校正偏色、使用照片滤镜校正偏色、使用色彩平衡校色、提高整体色彩饱和度、调整照片的色相等操作。通过对本章的学习，希望读者能够更好地掌握AI摄影作品的后期处理方法。

## 课后习题

鉴于本章知识的重要性，为了帮助读者更好地掌握所学知识，本节将通过课后习题，帮助读者进行简单的知识回顾和补充。

1. 对一张AI照片进行二次构图处理，将横图裁剪为竖图。

2. 对一张AI照片进行调色处理，提高照片整体的色彩饱和度。

# 第 14 章　抠图合成：引领创意设计新潮流

**本章要点：**

　　抠图合成是一项常用的 PS 后期处理技术，通过精准的抠图和巧妙的合成，我们可以将不同的元素融合在一起，创作出令人惊叹的视觉效果。抠图合成不仅能让我们实现想象中的场景，还能提升 AI 摄影作品的质量和吸引力。

## 14.1 掌握常用的6种PS抠图方法

在学习AI摄影技术的过程中，掌握常用的PS抠图方法是至关重要的一步。无论是想要去掉背景、提取人物、合成不同的元素，还是创建逼真的合成场景，熟悉并掌握PS抠图方法将为你打开无限可能的创作大门。

本节将深入介绍常用的PS抠图方法，让你能够轻松实现精准抠图操作，并为你的AI创作带来更大的视觉冲击力。

### 14.1.1 使用"主体"命令抠图

使用PS的"主体"命令，可以快速识别出照片中的人物主体，从而完成抠图操作，具体操作如下。

扫码看教学视频

步骤01 选择"文件"|"打开"命令，打开一张AI照片素材，如图14-1所示。

步骤02 在菜单栏中选择"选择"|"主体"命令，如图14-2所示。

图 14-1 打开一张 AI 照片素材

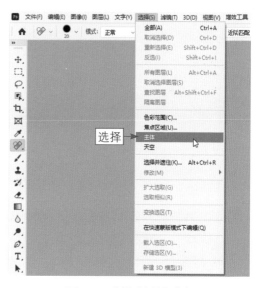

图 14-2 选择"主体"命令

★ 专 家 提 醒 ★

PS 的"主体"命令采用了先进的机器学习技术，经过学习训练后能够识别图像上的多种对象，包括人物、动物、车辆、玩具等。

步骤03 执行操作后，即可自动选中图像中的人物主体，如图14-3所示。

步骤**04** 按【Ctrl+J】组合键复制一个新图层，并隐藏"背景"图层，即可抠取人物主体，效果如图14-4所示。

图 14-3　选中图像中的人物主体

图 14-4　抠出人物主体

## 14.1.2　使用"删除背景"功能抠图

对于轮廓比较清晰的主体，可以使用PS的"删除背景"功能快速进行抠图，具体操作如下。

扫码看教学视频

步骤**01** 选择"文件"|"打开"命令，打开一张AI照片素材，如图14-5所示。

步骤**02** 按【Ctrl+J】组合键复制一个新的"图层1"图层，选择"图层1"图层，如图14-6所示。

图 14-5　打开一张 AI 照片素材

图 14-6　选择"图层 1"图层

**步骤03** 在菜单栏中选择"窗口"|"属性"命令，展开"属性"面板，在"快速操作"选项区中单击"删除背景"按钮，如图14-7所示。

**步骤04** 执行操作后，隐藏"背景"图层，即可抠取画面中的主体对象，效果如图14-8所示。

图 14-7　单击"删除背景"按钮

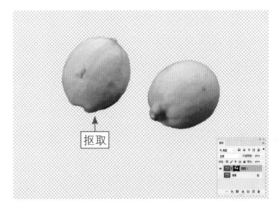

图 14-8　抠取画面中的主体对象

## 14.1.3　使用"色彩范围"命令抠图

使用"色彩范围"命令可以快速创建选区进行抠图处理，其选取原理是以颜色作为依据。下面介绍使用"色彩范围"命令抠图的具体操作。

扫码看教学视频

**步骤01** 选择"文件"|"打开"命令，打开一张AI照片素材，如图14-9所示。

**步骤02** 选择"选择"|"色彩范围"命令，弹出"色彩范围"对话框，使用"添加到取样工具"，在小猫图像上多次单击，如图14-10所示。

图 14-9　打开一张 AI 照片素材

图 14-10　在小猫图像上多次单击

**步骤03** 设置"颜色容差"为30，稍微缩小选取的范围，单击"确定"按钮，即可选中相应区域，如图14-11所示。

**步骤04** 按【Ctrl+J】组合键复制一个新图层，并隐藏"背景"图层，即可抠取小猫图像，效果如图14-12所示。

图 14-11　选中相应区域

图 14-12　抠取小猫图像

## 14.1.4　使用"魔棒工具"抠图

"魔棒工具" 是建立选区的工具之一，其作用是在一定的容差值范围内（默认值为32），将颜色相同的区域同时选中，建立选区以达到抠取图像的目的，具体操作如下。

扫码看教学视频

**步骤01** 选择"文件"|"打开"命令，打开一张AI照片素材，如图14-13所示。

**步骤02** 选取工具箱中的"魔棒工具" ，移动鼠标指针至图像编辑窗口中，在白色背景上单击，即可选中背景区域，如图14-14所示。

图 14-13　打开一张 AI 照片素材

图 14-14　选中背景区域

**步骤03** 选择"选择"|"反选"命令，反选选区，按【Ctrl+J】组合键复制一个

新图层，得到"图层1"图层，如图14-15所示。

步骤**04** 单击"背景"图层中的"指示图层可见性"图标 ◉，隐藏"背景"图层，即可抠取相应的图像，效果如图14-16所示。

图 14-15　复制新图层

图 14-16　抠取相应的图像

## 14.1.5　使用"快速选择工具"抠图

扫码看教学视频

使用PS中的"快速选择工具" ◔对于建立简单的选区是非常强大的，而且可通过调整边缘控制和优化选区，快速完成抠图操作，具体操作如下。

步骤**01** 选择"文件"|"打开"命令，打开一张AI照片素材，如图14-17所示。

步骤**02** 选取工具箱中的"快速选择工具" ◔，在工具属性栏中设置画笔"大小"为20像素，在小狗上拖动鼠标创建选区，如图14-18所示。

图 14-17　打开一张 AI 照片素材

图 14-18　创建选区

步骤**03** 继续在小狗身上拖动鼠标，直至选中全部小狗图像，如图14-19所示。

185

步骤 04 按【Ctrl+J】组合键复制一个新图层，并隐藏"背景"图层，即可抠取出小狗图像，效果如图14-20所示。

图 14-19　选中全部的小狗图像　　　　　　　图 14-20　抠取小狗图像

## 14.1.6　使用"磁性套索工具"抠图

"磁性套索工具" 具有类似磁铁般的磁性特点，可无须按住鼠标左键，直接移动鼠标进行操作，一般用于选择颜色差异较大的图像。在操作时，画面上方会出现自动跟踪的线，这条线总是走向颜色与颜色边界处。边界越明显，"磁性套索工具" 的磁力越强，通过连接该工具所选区域的首尾，即可完成选区的创建。

扫码看教学视频

下面介绍使用"磁性套索工具" 抠图的具体操作。

步骤 01 选择"文件"|"打开"命令，打开一张AI照片素材，如图14-21所示。

步骤 02 选取工具箱中的"磁性套索工具" ，在苹果边缘的合适位置单击，并移动鼠标对需要抠取的图形进行框选，鼠标指针经过的地方会生成一条线，如图14-22所示。

图 14-21　打开一张 AI 照片素材　　　　　　图 14-22　生成一条线

步骤 03 选取需要抠取的部分，在开始单击的位置再次单击，即可建立选区，如图14-23所示。

步骤 04 按【Ctrl+J】组合键，复制选区内的图像，建立一个新图层，并隐藏"背景"图层，即可抠取苹果图像，效果如图14-24所示。

图 14-23　建立选区

图 14-24　抠取苹果图像

## 14.2　掌握常用的3种PS合成技巧

在对AI照片进行后期处理时，我们也可以使用PS的合成图像功能，将AI照片中的某些元素抠取出来，将其合成到其他背景中，或者将其他元素合成到AI生成的背景图像中，制作出更多精彩的效果。

### 14.2.1　使用剪贴蒙版合成图像

利用剪贴蒙版可以将一个图层中的图像剪贴至另一个图像的轮廓中，而不会影响图像的源数据，创建剪贴蒙版后，还可以拖动被剪贴的图像以调整其位置。

扫码看教学视频

★ 专 家 提 醒 ★

剪贴蒙版可以用一个图层中包含像素的区域来限制它上层图像的显示范围，它的最大优点是可以通过一个图层来控制多个图层的可见内容，而图层蒙版和矢量蒙版都只能控制一个图层。

下面介绍使用剪贴蒙版合成图像的方法。

步骤 01 选择"文件"|"打开"命令，打开相应的相框背景素材和AI风景照片

素材，如图14-25所示。

**步骤02** 使用"移动工具" ✛ 按住风景素材并拖曳，将其拖至相框背景素材图像编辑窗口中，并按【Ctrl+T】组合键，调整图像的大小和位置，如图14-26所示。

图 14-25　打开相应的素材

**步骤03** 按【Enter】键确认，选择"图层"|"创建剪贴蒙版"命令，即可创建剪贴蒙版，合成图像效果如图14-27所示。

图 14-26　调整图像的大小和位置　　　　　图 14-27　合成图像效果

★ 专 家 提 醒 ★

在"图层"面板中选择相应的剪贴蒙版，选择"图层"|"释放剪贴蒙版"命令，即可从剪贴蒙版中释放出该图层，如果该图层上面还有其他内容图层，那么这些图层也会一同释放。

## 14.2.2　使用"魔术橡皮擦工具"合成图像

扫码看教学视频

运用"魔术橡皮擦工具"  可以擦除图像中所有与用鼠标单击处颜色相近的像素。使用"魔术橡皮擦工具"  的"单一擦除"功能可以擦除相邻区域的相同像素或相似像素的图像，常用于背景较简单的抠图处理。

当在被锁定透明像素的普通图层中擦除图像时，被擦除的图像将更改为背景色；当在"背景"图层或普通图层中擦除图像时，被擦除的图像将显示为透明色。

下面介绍使用"魔术橡皮擦工具"  合成图像的方法。

**步骤01** 选择"文件"|"打开"命令，打开相应的背景素材和AI照片素材，如图14-28所示。

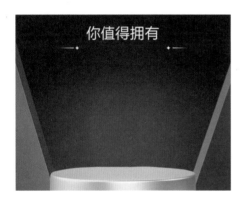

图 14-28　打开相应的素材

**步骤02** 使用"移动工具"  按住冰箱素材并拖曳，将其拖至背景素材图像编辑窗口中，并适当调整图像的大小和位置，如图14-29所示。

**步骤03** 选取工具箱中的"魔术橡皮擦工具"  ，保持工具属性栏中的默认设置，在白色背景区域单击，即可擦除背景，合成图像效果如图14-30所示。

图 14-29　调整图像的大小和位置　　　　图 14-30　合成图像效果

### 14.2.3　使用图层蒙版合成图像

图层蒙版以一个独立的图层存在，而且可以控制图层或图层组中不同区域的操作。下面介绍使用图层蒙版合成图像的方法。

**步骤01** 选择"文件"|"打开"命令，打开相应的背景素材和AI照片素材，如图14-31所示。

图 14-31　打开相应的素材

**步骤02** 使用"移动工具" ✛ 按住婚纱照片并拖曳，将其拖至背景素材图像编辑窗口中，并适当调整图像的大小和位置，如图14-32所示。

**步骤03** 在"图层"面板中，选择"图层1"图层，单击"添加图层蒙版"按钮 ▣，添加图层蒙版，如图14-33所示。

图 14-32　调整图像的大小和位置

图 14-33　添加图层蒙版

步骤 04 设置前景色为黑色，选取工具箱中的"画笔工具" ✏️，涂抹图层蒙版中的背景，如图14-34所示。

步骤 05 使用同样的操作方法，继续涂抹背景区域，涂抹时可以适当调整画笔工具的大小，即可完成图像的合成处理，效果如图14-35所示。

图 14-34　涂抹背景

图 14-35　图像合成效果

## 本章小结

本章主要向读者介绍了PS抠图合成的相关基础知识，如使用"主体"命令抠图、使用"删除背景"功能抠图、使用"色彩范围"命令抠图、使用"魔棒工具"抠图、使用"快速选择工具"抠图、使用"磁性套索工具"抠图、使用剪贴蒙版合成图像、使用"魔术橡皮擦工具"合成图像、使用图层蒙版合成图像。通过对本章的学习，希望读者能够更好地掌握PS抠图合成的操作方法。

## 课后习题

鉴于本章知识的重要性，为了帮助读者更好地掌握所学知识，本节将通过课后习题，帮助读者进行简单的知识回顾和补充。

1. 使用Midjourney生成一张白底图，并用PS进行抠图处理。

2. 使用Midjourney生成一张背景图像和一张人物照片，并使用PS的图层蒙版功能合成图像。

# 第 15 章　AI 应用：玩转 PS 的智能化功能

**本章要点：**

　　Photoshop 作为数字艺术领域的热门软件之一，随着人工智能技术的发展，它也在不断更新和发展，加入了许多新的智能化修图功能，使照片的后期处理工作更加高效、便捷。

## **15.1** PS的自动化处理功能

Photoshop的自动化处理功能能够帮助用户迅速完成一个文件或多个文件的成批处理，极大地提高了照片后期处理的效率。Photoshop为用户提供了大量的预设动作，用户还可以根据需要创建和录制新的动作，然后进行自动化处理。

### 15.1.1　应用预设动作处理图像

动作可以用来记录Photoshop的操作步骤和参数设置，从而便于再次回放以提高工作效率和标准化操作流程。Photoshop中提供了许多现成的预设动作，下面介绍应用预设动作处理图像的方法。

扫码看教学视频

**步骤01** 选择"文件"|"打开"命令，打开一张AI照片素材，如图15-1所示。

**步骤02** 选择"窗口"|"动作"命令，展开"动作"面板，选择"渐变映射"动作，如图15-2所示。

图 15-1　打开一张 AI 照片素材　　　　　　　图 15-2　选择"渐变映射"动作

**步骤03** 在"动作"面板中，单击"播放选定的动作"按钮 ▶，如图15-3所示。

**步骤04** 执行操作后，自动播放动作，图像的色调随之改变，效果如图15-4所示。

图 15-3　单击"播放选定的动作"按钮　　　　　图 15-4　执行动作后的效果

## 15.1.2　创建与录制动作

扫码看教学视频

虽然Photoshop为用户提供了大量的预设动作，但在实际工作过程中，可能并不能满足用户的需求，此时用户就可以根据需要创建与录制相应的动作，下面介绍具体的操作。

**步骤01** 选择"文件"|"打开"命令，打开一张AI照片素材，如图15-5所示。

**步骤02** 展开"动作"面板，单击底部的"创建新动作"按钮 ，如图15-6所示。

图 15-5　打开一张 AI 照片素材

图 15-6　单击"创建新动作"按钮

**步骤03** 执行操作后，弹出"新建动作"对话框，设置"名称"为"光晕效果"，如图15-7所示，单击"记录"按钮，开始记录动作。

**步骤04** 在"图层"面板中，选择"背景"图层，按【Ctrl+J】组合键复制一个新图层，得到"图层1"图层，选择"滤镜"|"渲染"|"镜头光晕"命令，弹出"镜头光晕"对话框，适当调整光晕效果的位置，其他选项保持默认设置即可，如图15-8所示。

图 15-7　设置"名称"选项

图 15-8　调整光晕效果的位置

步骤 **05** 单击"确定"按钮，添加镜头光晕效果，如图15-9所示。

步骤 **06** 单击"动作"面板底部的"停止播放/记录"按钮■，如图15-10所示，即可完成新动作的录制。

图 15-9　添加镜头光晕效果

图 15-10　单击"停止播放 / 记录"按钮

## 15.1.3　加载与执行外部动作

扫码看教学视频

用户可以将在网上下载的动作文件或者磁盘中所存储的动作文件，添加到当前的动作列表中，这样运用动作能够提高工作效率，减少机械化的重复操作。下面介绍加载与执行外部动作的方法。

步骤 **01** 在Photoshop中展开"动作"面板，单击面板右上方的 ≡ 按钮，在弹出的面板菜单中选择"载入动作"命令，弹出"载入"对话框，选择相应的动作文件，如图15-11所示。

步骤 **02** 单击"载入"按钮，即可在"动作"面板中载入"调色动作"动作组，如图15-12所示。

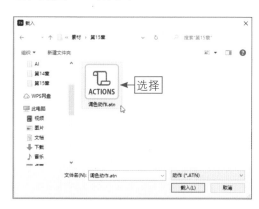

图 15-11　选择相应的动作文件

图 15-12　载入"调色动作"动作组

步骤 03 选择"文件"|"打开"命令，打开一张AI照片素材，如图15-13所示。

步骤 04 在"调色动作"动作组中选择"夜景调色"动作，单击底部的"播放选定的动作"按钮 ▶，即可将动作应用于图像，效果如图15-14所示。

图 15-13　打开一张 AI 照片素材 　　　　　图 15-14　执行动作后的效果

★ 专家提醒 ★

　　用户在 Photoshop 的"动作"面板中创建新动作后，可以单击面板右上方的 ≡ 按钮，在弹出的面板菜单中选择"存储动作"命令将其保存起来，以便在以后的工作中重复使用该动作。

## 15.1.4　自动批处理图像

批处理是指将一个指定的动作应用于某文件夹下的所有图像或当前打开的多个图像。下面介绍自动批处理图像的方法。

扫码看教学视频

步骤 01 在菜单栏中选择"文件"|"自动"|"批处理"命令，如图15-15所示。

图 15-15　选择"批处理"命令

**步骤02** 执行操作后，弹出"批处理"对话框，单击"选择"按钮，选择相应的文件夹，并设置"动作"为"夜景调色"，如图15-16所示。

图 15-16　设置"动作"选项

**步骤03** 单击"确定"按钮，即可自动批处理同一文件夹内的所有图像，效果如图15-17所示。

图 15-17　自动批处理图像效果

## 15.1.5　创建快捷批处理

快捷批处理可以看作是一个批处理动作的快捷方式，动作是创建快捷批处理的基础，在创建快捷批处理之前，必须在"动作"面板中创建所需要的动作。下面介绍创建快捷批处理的方法。

扫码看教学视频

**步骤01** 选择"文件"｜"自动"｜"创建快捷批处理"命令，弹出"创建快捷批处理"对话框，单击"选择"按钮，如图15-18所示。

**步骤02** 执行操作后，弹出"另存为"对话框，设置相应的文件名，如图15-19所示，单击"保存"按钮，即可保存快捷批处理。

图 15-18　单击"选择"按钮　　　　　　　图 15-19　设置相应的文件名

## 15.2　PS的智能化修图功能

前面章节中介绍过一些Photoshop的手动修图和调色功能，其实它还具有很多智能化的修图功能，如"内容识别填充"命令、Neural Filters滤镜等，这些功能大大提高了修图效率和精度。

其中，Photoshop的Neural Filters被翻译成神经滤镜，也可以叫作神经网络智能滤镜，是Photoshop重点推出的AI修图技术，功能非常强大，它可以帮助用户把复杂的修图工作简单化，大大提高工作效率。

### 15.2.1　智能修复图像

扫码看教学视频

利用Photoshop的"内容识别填充"命令可以将复杂背景中不需要的图像清除干净，从而达到完美的智能修图效果，具体操作如下。

**步骤01** 选择"文件"|"打开"命令，打开一张AI照片素材，如图15-20所示。

**步骤02** 选取工具箱中的"套索工具" ⚲，在需要清除的图像周围创建一个选区，如图15-21所示。

图 15-20　打开一张 AI 照片素材　　　　　图 15-21　创建一个选区

**步骤 03** 选择"编辑"|"内容识别填充"命令，显示修复图像的取样范围（绿色部分），如图15-22所示。

**步骤 04** 适当涂抹图像，将不需要取样的部分去掉，如图15-23所示。

图 15-22  显示取样范围　　　　　　　　　图 15-23  适当涂抹图像

**步骤 05** 在"预览"面板中可以查看修复效果，满意后单击"内容识别填充"面板底部的"确定"按钮，如图15-24所示。

**步骤 06** 执行操作后，即可完美去除图像中不需要的部分，并取消选区，效果如图15-25所示。

图 15-24  单击"确定"按钮　　　　　　　　图 15-25  图像修复效果

## 15.2.2　智能肖像处理

借助Neural Filters滤镜的"智能肖像"功能，用户可以通过几个简单的步骤简化复杂的肖像编辑工作流程，具体操作如下。

扫码看教学视频

**步骤 01** 选择"文件"|"打开"命令，打开一张AI照片素材，如图15-26所示。

步骤 02 在菜单栏中选择"滤镜"| Neural Filters命令，如图15-27所示。

图 15-26　打开一张 AI 照片素材

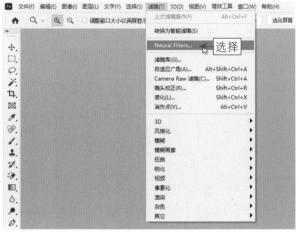

图 15-27　选择 Neural Filters 命令

步骤 03 执行操作后，系统会自动识别并框选人物的脸部，如图15-28所示。

步骤 04 同时会展开Neural Filters面板，在左侧的功能列表中开启"智能肖像"功能，如图15-29所示。

图 15-28　框选人物的脸部

图 15-29　开启"智能肖像"功能

步骤 05 在右侧的"特色"选项区中，设置"眼睛方向"为50，如图15-30所示，可以改变人物的视线方向。

步骤 06 单击"确定"按钮，即可完成智能肖像的处理，效果如图15-31所示。

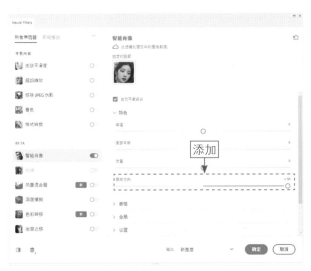

图 15-30　设置"眼睛方向"选项

图 15-31　智能肖像处理效果

### 15.2.3　人脸智能磨皮

扫码看教学视频

借助Neural Filters滤镜的"皮肤平滑度"功能，可以自动识别人物面部，并进行磨皮处理，具体操作如下。

**步骤01** 选择"文件"|"打开"命令，打开一张AI照片素材，如图15-32所示。

**步骤02** 在菜单栏中选择"滤镜"| Neural Filters命令，展开Neural Filters面板，在左侧的功能列表中开启"皮肤平滑度"功能，如图15-33所示。

图 15-32　打开一张 AI 照片素材

图 15-33　开启"皮肤平滑度"功能

**步骤 03** 在Neural Filters面板的右侧设置"模糊"为100、"平滑度"为25，如图15-34所示，对人物脸部进行磨皮处理。

**步骤 04** 单击"确定"按钮，即可完成人脸的磨皮处理，效果如图15-35所示。

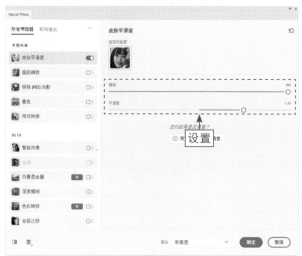

图 15-34　设置相应的选项

图 15-35　磨皮处理效果

## 15.2.4　自动替换天空

借助Neural Filters滤镜的"风景合成器"功能，可以自动选择并替换照片中的天空，并自动调整为与前景元素匹配的色调，具体操作如下。

扫码看教学视频

**步骤 01** 选择"文件"|"打开"命令，打开一张AI照片素材，如图15-36所示。

图 15-36　打开一张 AI 照片素材

**步骤 02** 在菜单栏中选择"滤镜"| Neural Filters命令，展开Neural Filters面板，在左侧的功能列表中开启"风景混合器"功能，如图15-37所示。

图 15-37　开启"风景混合器"功能

**步骤 03** 在右侧的"预设"选项卡中，选择相应的预设效果，并设置"日落"为58，如图15-38所示，增强画面的日落氛围感。

**步骤 04** 单击"确定"按钮，即可完成天空的替换处理，效果如图15-39所示。

图 15-38　设置"日落"选项

图 15-39　替换天空效果

## 15.2.5　完美合成图像

借助Neural Filters滤镜的"协调"功能，可以自动融合两个图层的颜色与亮度，让合成后的画面影调更加和谐、效果更加完美，具体操

扫码看教学视频

作如下。

**步骤01** 选择"文件"|"打开"命令，打开一张经过合成处理后的AI照片素材，如图15-40所示。

**步骤02** 在菜单栏中选择"滤镜"|Neural Filters命令，展开Neural Filters面板，在左侧的功能列表中开启"协调"功能，如图15-41所示。

图 15-40　打开一张 AI 照片素材

图 15-41　开启"协调"功能

**步骤03** 在右侧的"参考图像"下方的下拉列表中选择"图层2"图层，如图15-42所示，自动调整该图层的色彩平衡。

图 15-42　选择"图层 2"图层

步骤 04 单击"确定"按钮，即可让两个图层中的画面效果更加协调，效果如图15-43所示。

图 15-43 协调两个图层的画面效果

## 15.2.6 图像样式转移

借助Neural Filters滤镜的"样式转换"功能，可以将选定的艺术风格应用于图像，从而激发新的创意，并为图像赋予新的外观，具体操作如下。

扫码看教学视频

步骤 01 选择"文件"｜"打开"命令，打开一张AI照片素材，如图15-44所示。

步骤 02 在菜单栏中选择"滤镜"｜Neural Filters命令，展开Neural Filters面板，在左侧的功能列表中开启"样式转换"功能，如图15-45所示。

图 15-44 打开一张 AI 照片素材

图 15-45 开启"样式转换"功能

205

**步骤03** 在右侧的"预设"选项卡中选择相应的艺术家风格，如图15-46所示，转移参考图像的颜色、纹理和风格。

图 15-46　选择相应的艺术家风格

**步骤04** 单击"确定"按钮，即可应用特定艺术家的风格，效果如图15-47所示。

图 15-47　应用特写艺术家风格效果

## 15.2.7　黑白照片上色

借助Neural Filters滤镜的"着色"功能，可以自动为黑白照片上色，具体操作如下。

扫码看教学视频

**步骤 01** 选择"文件"|"打开"命令，打开一张AI照片素材，如图15-48所示。

**步骤 02** 在菜单栏中选择"滤镜"| Neural Filters命令，展开Neural Filters面板，在左侧的功能列表中开启"着色"功能，如图15-49所示。

图 15-48　打开一张 AI 照片素材　　　　　　　图 15-49　开启"着色"功能

**步骤 03** 在右侧展开"调整"选项区，设置"配置文件"为"复古浅黄色"，如图15-50所示，改变上色效果。

**步骤 04** 单击"确定"按钮，即可自动为黑白照片上色，效果如图15-51所示。

图 15-50　设置"配置文件"选项　　　　　　　图 15-51　黑白照片上色效果

## 15.2.8　人物妆容迁移

借助Neural Filters滤镜的"妆容迁移"功能，可以将眼部和嘴部的妆容风格从一张图像应用到另一张图像上，具体操作如下。

**步骤01** 选择"文件"|"打开"命令，打开一张AI照片素材，如图15-52所示。

**步骤02** 在菜单栏中选择"滤镜"| Neural Filters命令，展开Neural Filters面板，在左侧的功能列表中开启"妆容迁移"功能，如图15-53所示。

图 15-52　打开一张 AI 照片素材

图 15-53　开启"妆容迁移"功能

**步骤03** 在右侧的"参考图像"选项区中，在"选择图像"下拉列表中选择"从计算机中选择图像"选项，如图15-54所示。

**步骤04** 弹出"打开"对话框，选择相应的图像素材，效果如图15-55所示。

**步骤05** 单击"使用此图像"按钮，即可上传参考图像，如图15-56所示。

**步骤06** 单击"确定"按钮，即可改变人物的妆容，效果如图15-57所示。

图 15-54　选择"从计算机中选择图像"选项

图 15-55　选择相应的图像素材

图 15-56　上传参考图像

图 15-57　改变人物的妆容效果

209

## 本章小结

本章主要向读者介绍了PS的一些自动化处理和智能化修图功能，如应用预设动作处理图像、创建与录制动作、加载与执行外部动作、自动批处理图像、创建快捷批处理、智能修复图像、智能肖像处理、人脸智能磨皮、自动替换天空、完美合成图像、图像样式转移、黑白照片上色、人物妆容迁移等。通过对本章的学习，希望读者能够更好地掌握PS的AI修图玩法。

## 课后习题

鉴于本章知识的重要性，为了帮助读者更好地掌握所学知识，本节将通过课后习题，帮助读者进行简单的知识回顾和补充。

1. 使用PS的预设动作为AI照片添加"渐变映射"效果。

2. 使用Neural Filters滤镜的"智能肖像"功能改变AI照片中的人物表情。